Ramiro José Vidal Figueredo

Estudio de Coherencia cerebral en caninos epilépticos

Ramiro José Vidal Figueredo

Estudio de Coherencia cerebral en caninos epilépticos

PUBLICIA

Impressum / Aviso legal
Bibliografische Information der Deutschen Nationalbibliothek: Die Deutsche Nationalbibliothek verzeichnet diese Publikation in der Deutschen Nationalbibliografie; detaillierte bibliografische Daten sind im Internet über http://dnb.d-nb.de abrufbar.

Información bibliográfica de la Deutsche Nationalbibliothek: La Deutsche Nationalbibliothek clasifica esta publicación en la Deutsche Nationalbibliografie; los datos bibliográficos detallados están disponibles en internet en http://dnb.d-nb.de.

Coverbild / Imagen de portada: www.ingimage.com

Verlag / Editorial:
PUBLICIA
ist ein Imprint der / es una marca de
ICS Morebooks! Marketing SRL
4, Industriala street, 3100 Balti, Republic of Moldova
Email / Correo Electrónico: info@omniscriptum.com

Herstellung: siehe letzte Seite /
Publicado en: consulte la última página
ISBN: 978-3-8416-8445-5

Zugl. / Aprobado por: Buenos Aires, Universidad de Buenos Aires, Tesis Doctoral, 2012

Universidad de Buenos Aires

«Estudio de coherencia cerebral en caninos epilépticos idiopáticos»

Autor: Vet. Ramiro José Vidal Figueredo

Para mi papá y mi mama

Para Luciana

Y para mi hija Josefina

Agradecimientos

Quiero expresar mi gratitud a un número de personas cuyos ejemplos, soporte y estímulo me han sostenido en los momentos difíciles, y me recordaban lo importante de cumplir un sueño y que de alguna manera colaboraron, ya sea enseñándome el camino del conocimiento y las ciencias, inspirándome en la discusión y criticando severamente mis pasos. Pido desde ya disculpas si olvido mencionar, inintencionalmente, a alguno. Esas generosas personas, algunos de ellos colegas y amigos, son: Luis Ambros, Carlos Blanco, Gabriel Capitelli, Juan Claver, Alfredo Colombi, Marcela Curzel, Ricardo Ferrari, Diana Jerusalinsky, Edgar Kornisiuk, Verónica Kreil, Daniel Lombardo, Laura Marangunich, Laura Montoya, Elizabeth Pacheco, Alejo Perez Carrera, Luis Riquelme y Adelaida Sanchez.

A la empresa Akonic S.A. y sus directivos quienes desinteresadamente me brindaron capacitación y el software adaptado a las necesidades de mi investigación.

A mis amigos, quienes siempre e incondicionalmente estuvieron allí para estimularme a finalizar mis estudios: Marcelo Acerbo, Ana Alonso, Ignacio Arrayago, Carlos Arzone, Georgina Angiono, Romina Braun, Fernando Delgado, Pablo Genoud, Martin Grau, Esteban Martin, Carolina Marull, Gabriel Sanchez, Victor Valdez y Julian Villarreal. Dos de mis más queridos amigos me han apoyado sustancialmente y quisiera agradecerles especialmente ya que parte de esto es de ellos: Javier Álvarez y Juan *"Juanucho"* Rivero.

A mi director, el Dr. Fernando Pellegrino, quien además de ser mí amigo, fue quien sin titubear (cuando yo era muy joven y recién recibido) creyó en mí, en este trabajo; y aceptó poner su tiempo, dedicación, instrumental, conocimientos y sobre todas las cosas, su paciencia, para que este trabajo se haga realidad. Para él, mis más profundos respetos, ya que en los buenos tiempos, y en los no tan buenos..., siempre estuvo a mi lado ayudándome, escuchándome y criticando desde el mayor de los respetos mi trabajo. Para él... gracias.

A todos los integrantes mi familia que siempre, siempre estuvieron a mi lado estimulándome y apoyándome para que terminara este trabajo. En especial a mi papa quien es ejemplo diario y fuente de inspiración constante.

Finalmente, investigar en las ciencias veterinarias es de por sí muy complicado, y escribir una tesis lo es aún un poco más. Si... es divertido, pero toma mucho tiempo. Tiempo precioso que debes robarlo de algún otro lado, mayormente de tu familia. A mi amada esposa, Luciana, y mi hija, Josefina, les pido disculpas por mis frecuentes ausencias mentales a la hora de la cena o en las reuniones familiares cuando solo mi cuerpo estaba presente. Perdón por los fines de semana en los que se quedaron haciéndome compañía en lugar de salir a divertirse. Escribiendo esto me doy cuenta de lo afortunado que soy teniéndolas como mi soporte. Sin ustedes esto no lo tendría valor.

A todos ellos y a quienes olvidé mencionar...Gracias.

Contenidos

Resumen

La epilepsia idiopática, tanto en medicina veterinaria, como en medicina humana, es una enfermedad que afecta una gran cantidad de individuos. Se caracteriza por crisis cerebrales sin ninguna causa comprobable, más que una posible predisposición genética

Para ambos casos la clasificación de las crisis epilépticas y de las epilepsias se basa en la utilización de criterios fenotípicos como por ejemplo las características semiológicas, el tipo de estímulo que las induce y la edad en que aparecen por primera vez.

En medicina veterinaria, se menciona que en la mayoría de los pacientes no se identifica la causa de la epilepsia y en consecuencia, se asume que padecen epilepsia idiopática, por ausencia de hallazgos positivos. Desde el momento en que se han estandarizado su metodología de registro y análisis, el EEG juega un papel fundamental en el diagnóstico de las epilepsias. Sin embargo solo presenta grafoelementos patológicos en el 33 % de los casos.

Los neurofisiólogos hacen hincapié en que no hay función nerviosa que no se halle regida por una métrica temporal, desde el acto motor más sencillo hasta la actividad cognitiva más compleja. En base a esto el análisis matemático del EEG, denominado electroencefalograma cuantificado (EEGc) y, en particular, el estudio de la coherencia cerebral sería capaz de discriminar entre la actividad eléctrica normal y la patológica.

El objetivo de este trabajo fue obtener los valores normales de coherencia cerebral en perros adultos sanos y evaluar las diferencias que existieran con los valores de coherencia cerebral en perros que padecen epilepsia idiopática, para evaluar la posibilidad de incorporar dicho estudio al protocolo de diagnóstico de la epilepsia idiopática en perros.

Para tal fin se obtuvieron EEG de perros adultos sanos y perros adultos con epilepsia idiopática y libres de medicación al momento del estudio. Se trabajó con un equipo de EEGrafía de 12 canales. Para obtener los registros EEGráficos se utilizó un programa especialmente diseñado para electroencefalografía computada y reconstrucción por mapeo cerebral. El tiempo mínimo de registro fue de 30 minutos. La restricción de los animales se realizó con xylazina, en dosis de 1 mg/kg. Se utilizaron para el análisis sólo electroencefalogramas que presentaban trazados normales al análisis visual, es decir sin grafoelementos patológicos.

A continuación se seleccionaron al menos 15 segmentos estacionarios de 2 segundos de duración (épocas) libres de artificios. Se obtuvieron los valores de coherencia cerebral para las combinaciones interhemisféricas (T_3-T_4; Fp_1-Fp_2; F3-F_4; P_3-P_4; O_1-O_2) e intrahemisféricas (O-P; O-F; O-Fp; Fp-T; T-O). Los valores de coherencia cerebral se obtuvieron de dos maneras diferentes: a) de la forma cotidiana, es decir espectro de potencia cruzado, espectro de coherencia y espectro de fase, b) el promedio de la coherencia de las bandas electroencefalográficas alpha y theta.

De acuerdo a nuestros estudios, podemos describir en los perros adultos sanos la existencia de dos grupos de canales con dinámica eléctrica diferente tanto para el análisis de la coherencia interhemisférico como para el análisis de coherencia intrahemisférico: **A)** *para el análisis interhemisférico* el grupo de los canales dorsales (Fp_1-Fp_2; F3-F_4; P_3-P_4; O_1-O_2) presentan el PPC en $\bar{X}$ 7,62 Hz.; mientras que el grupo de los canales temporales (T_3-T_4) el valor de la frecuencia al que se presenta el PPC es de $\bar{X}$ 5,25 Hz. **B)** *Para el análisis intrahemisférico* el grupo de canales dorsales (O-P; O-F; O-Fp) presentan el PPC a una frecuencia de $\bar{X}$ 7,58 Hz. y en el grupo de canales halo (Fp-T y T-O) el valor de frecuencia al que se presenta el PPC es de $\bar{X}$ 6,30 Hz.

En los perros epilépticos idiopáticos hemos hallado que el valor de la frecuencia en el que se presenta el PPC es menor que en los perros sanos. En todos los canales evaluados el valor de la frecuencia se encuentra comprendido dentro del valor de la banda electroencefalográfica theta (4-7 Hz); sin embargo se mantienen las diferencias entre los grupos de canales descritos anteriormente para las combinaciones interhemisféricas e intrahemisféricas.

Aunque el análisis de las bandas electroencefalográficas (alpha y theta) arroja datos similares a los que arroja la forma clásica de obtener los datos, el trabajo con una gran cantidad de valores hace de este un análisis muy engorroso y dificulta la utilización como herramienta de uso cotidiana en el diagnóstico rutinario.

El estudio de coherencia cerebral se presenta como una herramienta del EEGc útil para describir la actividad cerebral, identificando los osciladores específicos de las áreas cerebrales, permitiendo establecer las conexiones anatómicas entre ellas. En este aspecto es capaz de reconocer alteraciones en los osciladores, en las conexiones y la participación de ellos en eventos patológicos, de manera que puede utilizarse como herramienta para el diagnóstico de alteraciones eléctricas. Por este motivo podría incorporarse sin dificultad al protocolo diagnóstico de epilepsia idiopática en perros.

Finalmente hemos hallado que los perros epilépticos idiopáticos presentan una llamativa similitud con los hallazgos que se han reportado en humanos, por lo que podría utilizarse como modelo de estudio de la epilepsia en humanos, especialmente en lo referido a instrumentos de diagnóstico eléctrico.

Abstract

The idiopathic epilepsy, as much in veterinary medicine, as in human medicine, is a disease that affects a great amount of individuals. It is characterized by seizures without any provable reason, more than a possible genetic predisposition.

For both cases the classification of the seizures and the epilepsies is based on the use of phenotypic criteria like for example the semiological characteristics, the type of stimulus induces that them and the age in which they appear for the first time.

In veterinary medicine, it is mentioned that in the majority of the patients the cause of the epilepsy is not identified and consequently, is assumed that they suffer idiopathic epilepsy, by absence of positive findings. From the moment in which their methodology of registry and analyses has been standardized, the EEG plays a fundamental role in the diagnosis of the epilepsies. Nevertheless only it displays pathological graphoelements in 33% of the cases.

The neurophysiologists insist on which there is no nervous function exist without a time metric of the signal, be it one simpler motor act or the most complex cognitive act. On the basis of this, the mathematical analysis of the EEG, denominated quantified electroencephalogram (EEGq) and, in particular, the cerebral coherence would be able to discriminate between the normal and pathological electrical activity.

The purpose of this study was to obtain the values normal of cerebral coherence in adult dogs healthy and to evaluate the differences that existed with the values of cerebral coherence in dogs that suffer idiopathic epilepsy, to evaluate the possibility of incorporate this study to the diagnosis of the idiopathic epilepsy protocol in dogs.

For such aim EEG of healthy adult dogs and idiopathic epilepsy adult dogs free of medication at the time of the study were obtained. We worked with 12 channels electroencephalographic equipment. In order to obtain the EEG registries it was used a program especially designed for computed electroencephalography and reconstruction by brain mapping. The minimum time of registry was of 30 minutes. Restriction of the animal was realized with xylazina, in dose of 1 mg/kg. Was utilized for the analysis only electroencephalograms that presented normal plot to the visual analysis, which is without pathological graphoelements.

Next at least 15 stationary segments of 2 seconds of duration (epochs) free of artifices were selected. The values of cerebral coherence for interhemispherical combinations (T3-T4 Fp1-Fp2; F3-F4; P3-P4; O1-O2) and intrahemispherical combinations (O-P; O-F; O-Fp; Fp-T; T-O) were obtained. The values of cerebral coherence were obtained from two different ways: a) of the normal form, that is to say cross power spectrum, coherence spectrum (cross correlation) and, phase spectrum b) the average of the coherence of the electroencephalographic alpha and theta bands.

According to our studies, we can describe in the healthy adult dogs the existence of two groups of channels with electrical dynamics different for the analysis from the interhemispherical coherence as much for the intrahemispherical analysis of coherence: A) for the interhemispherical analysis the group of dorsal channels (Fp_1-Fp_2; F_3-F_4; P_3-P_4; O_1-O_2) display the PPC in $\bar{X}$ 7,62 Hz.; whereas the group of temporary channels (T_3-T_4) the value of the frequency in which the PPC appears is $\bar{X}$ 5,25 Hz. B) For the intrahemispherical analysis the group of dorsal channels (O-P; O-F; O-Fp) presents the PPC to a frequency of $\bar{X}$ 7,58 Hz. and in the group of halo channels (Fp-T and T-O) the value of frequency to which the PPC appears is $\bar{X}$ 6,30 Hertz.

In the idiopathic epileptic dogs we have found that the value of the frequency in which the PPC appears is minor who in the healthy dogs. In all evaluated channels the value of the frequency is included within the value of the electroencephalographic theta band (4-7 Hz); nevertheless the differences between the groups of channels described previously for the interhemispherical and intrahemispherical combinations remain.

Even though the analysis of the electroencephalographic bands (alpha and theta) show similar data to the classic form of obtain data, work with a great number of values does of this very troublesome analysis and makes difficult the use as daily tool of use in the routine diagnosis.

The study of cerebral coherence appears like a useful tool of the EEGq to describe the cerebral activity, identifying the specific oscillating of the cerebral areas, allowing to establish the anatomical connections among them. In this aspect it is able to recognize alterations in the oscillator, in their connections and the participation of them in pathological events, so that it can be used like tool for the diagnosis of electrical alterations. For this reason could be incorporate without difficulty to the protocol of diagnosis of idiopathic epilepsy in dogs.

Finally we have found that the idiopathic epileptic dogs present a showy similarity with the findings that have been reported in humans, reason why could be used as model of study of the epilepsy in humans, especially in the referred thing to an instrument of electrical diagnosis.

Introducción

La epilepsia es una condición patológica que afecta muchas especies, incluidos los roedores, felinos, caninos, equinos, bovinos, caprinos y primates no-humanos y humanos. En medicina humana, es la enfermedad neurológica crónica que se presenta con más frecuencia. Tiene una incidencia aproximada de 50-100 casos cada 100000 personas, reportándose hasta 190 casos cada 100000 personas en países desarrollados, y una prevalencia del 4-10 ‰ (Poonam, Nina B. and Hauser, Allen W. 2008, Sander J.W. 2003, Sander J.W. y Hart Y. 1999; Secretariat of ILAE/IBE/WHO 2002, Word Health Organization. 2005). Se ha reportado que el riesgo de desarrollar epilepsia a lo largo de la vida es del 2-5%. (Sander, J.W., Shorvon, S.D., 1996)

En perros, la epilepsia es el desorden neurológico crónico más común. Algunos estudios indican que entre el 0.5 a 5,7 % de los perros han experimentado crisis epilépticas en algún momento de su vida (Bielfelt .S.W. y col. 1971; Chandler 2006; Cunningham, J.G. and Farnbach G.C. 1988; Heynold, Y. y col. 1997; Licht, B. G. y col. 2002; O' Brien, D. 2003; Patterson, E.E. y col 2003)

Entre 1999 y 2002 se publicaron varios trabajos que proponen criterios para clasificar las crisis epilépticas en los perros, en base al sistema utilizado por la Liga Internacional de Lucha contra la Epilepsia (ILAE [de la sigla en inglés International Ligue Against Epilepsy]) (Berendt, M. y Gram, L. 1999; Licht, B. G. 2002; Pellegrino, F.C. 1999). Los trabajos indican que el tipo de crisis y los hallazgos clínicos y electroencefalográficos son fundamentales para determinar el síndrome epiléptico correspondiente y, por lo tanto, la etiología. A pesar de esto no existe en medicina veterinaria, sobre todo entre los médicos clínicos, un consenso único para la clasificación de las epilepsias y los síndromes epilépticos. Este hecho genera una dificultad en la relación que se establece entre los médicos clínicos, los propietarios y los especialistas.

Chandler (2006) menciona que, en medicina veterinaria, en la mayoría de los casos no se identifica la causa de la epilepsia y en consecuencia, se asume que dichos pacientes presentan epilepsia idiopática, por ausencia de hallazgos positivos. Para el autor la carencia en la clasificación de las epilepsias está dada por la dificultad que se presenta al momento de la descripción de la crisis por los propietarios y al hecho que no se utilice el electroencefalograma (EEG) de forma rutinaria en el protocolo diagnóstico de epilepsias. (Chandler 2006).

En medicina humana se han descrito más de 40 tipos de epilepsias, síndromes epilépticos y otras condiciones asociadas. La clasificación de las crisis epilépticas y de las epilepsias se basa en la utilización de criterios fenotípicos como por ejemplo las características semiológicas, el tipo de estímulo que las induce y la edad en que aparecen por primera vez. El EEG juega un papel fundamental en la caracterización de las crisis epilépticas (Pillai, J. 2006).

El individuo que padece epilepsia puede ser clasificado en base a dos criterios (Niedermayer, E. 1993; Nieto Barrera, M. y Pita Calandre, E. 1993, Pellegrino, F. 1999): a) el tipo de crisis epiléptica que presenta como acontecimiento primordial de su afección; b) el tipo de epilepsia o síndrome epiléptico, que tiene en cuenta la crisis en un contexto mucho más amplio.

Los síndromes epilépticos son trastornos caracterizados por un conjunto de signos y síntomas que habitualmente ocurren juntos, que incluyen elementos como el tipo de crisis, la etiología, la anatomía, los factores precipitantes, la edad de aparición, la gravedad, la cronicidad, el ciclo diurno y circadiano, y a veces el pronóstico (Commission on Classification and Terminology of the International League against Epilepsy 1981 y 1989). Este abordaje del fenómeno epiléptico resalta, junto a los signos clínicos y los hallazgos electroencefalográficos, el valor de otros exámenes complementarios (Tomografía Computada, Resonancia Magnética Nuclear) destacando de esta forma la investigación etiológica (Commission on Classification and Terminology of the International League against Epilepsy 1981 y 1989; Nieto Barrera, M. y Pita Calandre, E. 1993).

La ILAE clasifica las epilepsias y los síndromes epilépticos según una doble dicotomía: por un lado, tomando como criterio definitorio el tipo de crisis y los hallazgos EEG críticos e intercríticos, se reconocen tres grupos diferenciados (Commission on Classification and Terminology of the International League against Epilepsy 1981 y 1989; Engel, Jerome Jr. 2006 a.): ***A-*** las crisis parciales (focales o locales); ***B-*** las crisis generalizadas; ***C-*** las crisis inclasificables por falta de datos. Por otro lado, tomando como criterio el origen de la afección cerebral, las clasifica en: ***A-*** epilepsias de etiología conocida (epilepsia sintomática o "secundaria"); ***B-*** epilepsias idiopáticas (primarias) y ***C-*** epilepsias criptogénicas.

Las **epilepsias focales** y **los síndromes epilépticos focales** son trastornos en los que los hallazgos semiológicos y/o los estudios diagnósticos indican un origen localizado de las crisis en alguna región específica o limitada de la corteza cerebral.

Una crisis parcial, a su vez, se clasifica primariamente sobre la base de la alteración de la conciencia durante el ataque. Cuando la misma no está alterada, la crisis se denomina ***parcial simple***. Cuando sí lo está, se denomina ***parcial compleja***. Se define la "alteración de la conciencia" como la incapacidad para responder normalmente a estímulos exógenos, por estar alteradas la sensibilidad o las capacidades cognitivas (Niedermayer, E. 1993; Nieto Barrera, M. y Pita Calandre, E. 1993, Pellegrino, F. 1999 y 2003). Las crisis parciales se originan en áreas corticales concretas con funciones específicas. En las crisis parciales simples la descarga puede permanecer localizada el tiempo suficiente como para observar una signología clínica característica de una determinada región anatómica en particular. Una crisis parcial simple puede evolucionar a una crisis parcial compleja; en este caso se involucran en su área de difusión estructuras correspondientes a las regiones temporal (rinencéfalo y/o sistema límbico) y/o frontal (área prefrontal) (Niedermayer, E. 1993; Nieto Barrera, M. y Pita Calandre, E. 1993, Pellegrino, F. 1999). La alteración de la conciencia puede ser el primer signo clínico, y en este estado el animal puede manifestar comportamientos anormales (crisis sicomotoras) (Pellegrino, F.C. 1999 y 2003). Las crisis parciales simples generan usualmente compromiso hemisférico unilateral, mientras que las complejas frecuentemente involucran ambos hemisferios cerebrales. Una crisis parcial puede no terminar, sino progresar a una crisis motora generalizada.

Las **crisis epilépticas generalizadas** y **los síndromes epilépticos generalizados** son aquellos en los que el primer cambio clínico indica que los dos hemisferios se encuentran involucrados simultáneamente en la crisis. La conciencia puede verse afectada, siendo a veces la primera expresión de la crisis. Las manifestaciones motoras son bilaterales. Las alteraciones EEG ictales son inicialmente bilaterales y presumiblemente reflejan una descarga neuronal que rápidamente difunde en ambos hemisferios.

Las **epilepsias y síndromes epilépticos sintomáticos** se consideran la consecuencia de un trastorno metabólico o estructural, conocido o sospechado del sistema nervioso central (SNC). Una variedad de factores, como enfermedades infecciosas, inflamatorias, anormalidades congénitas, desordenes vasculares, metabólicos, traumáticos, neoplásicos y tóxicos pueden contribuir a la presencia de crisis en los perros (Koestner, A. 1989; Pellegrino, F.C. 2003; Podell, M. 1996).

Las **epilepsias y síndromes epilépticos criptogénicos** definen a un trastorno cuya causa está oculta o escondida. Las epilepsias criptogénicas se supone que son sintomáticas, pero la etiología no es conocida; también se encuentran relacionadas con la edad, pero a menudo no tienen bien definidas sus características electroclínicas (Niedermayer, E., 1993; Nieto Barrera, M. y Pita Calandre, E. 1993, Pellegrino, F.C. 1999 y 2003).

La epilepsia idiopática y los síndromes epilépticos idiopáticos son aquellos en los que no se reconoce ninguna causa aparente (el término *idiopático* se deriva del griego "*idios*", que significa, libre, propio, o personal). Se describen como trastornos "no ocasionados o precedidos por otros" (Commission on Classification and Terminology of the International League Against Epilepsy. 1989; Engel, J. Jr. 2006 a y b). No hay ninguna causa comprobable, más que una posible predisposición genética (Lossin, Ch. y col. 2002; Engel, J. Jr. 1998 y 2006 b). Las epilepsias idiopáticas están definidas por la edad de aparición, las características clínicas y electroencefalográficas, y una presunción de etiología genética.

En medicina veterinaria, estudios de pedigrí han demostrado que la epilepsia idiopática presenta una base genética en diferentes razas de perros [beagle (Biefelt, S.W. y col. 1971), labrador retriever (Jaggy, A. y col. 1998), golden retriever (Srenk, P. and Jaggy, A. 1996), boyero de Berna (Kathmann, I. y col. 1999), ovejero belga (variedad Tervueren) (Famula T.R. and Overbahuer A. M. 2000, Overbauer, A.M. y col 2003), pomerania (Hall, S. J. G. and Wallace, M. E. 1996) y visla (Patterson y col. 2003)].

Sin embargo no se habían reportados casos puntuales de mutaciones genéticas hasta el año 2005, en el que Lohi y col. describen una mutación en el gen *Epm2b* como causante de un tipo de epilepsia mioclónica progresiva en perros de raza Duchshund miniatura (Lohi H. y col 2005). Este trabajo colabora en la comprensión de la patogenia de esta enfermedad. Sin embargo, es posible que los mecanismos genéticos de la epilepsia varíen entre las razas, y posiblemente entre líneas sanguíneas de una misma raza (Lohi H. y col 2005).

Aunque en algunos estudios se ha sugerido que el 45 % de las epilepsias diagnosticadas son criptogénicas (Berendt, M. and Gram L. 1999, Berendt M. and Dam M. 2003; Podell,

M. 1999), otros autores han reportado que la epilepsia idiopática es el trastorno convulsivo más frecuente (Chandler, K. 2006, Licht, B.G. y col. 2002; Schwartz-Porsdc, H. 1994). En la mayoría de los casos se asume que el origen es genético.

En medicina veterinaria es muy difícil obtener una buena descripción y por lo tanto, una correcta clasificación de la crisis, ya que muchas veces los propietarios no interpretan ciertos comportamientos como crisis; por otro lado el EEG [cuando puede realizarse] solo presenta grafoelementos patológicos en el 33 % de los casos (Pellegrino. F.C. y Vidal Figueredo, R.J. 2003).

A pesar de todos los avances, en la actualidad el diagnóstico de la epilepsia idiopática es fundamentalmente clínico. A excepción de los estudios genéticos, costosos y limitados (ya que sólo pueden aplicarse en determinadas razas y realizarse en determinados centros diagnósticos no disponibles en todos los países), no existe ninguna metodología que confirme o constituya un diagnóstico de certeza. Por estos motivos el protocolo diagnóstico de la epilepsia idiopática se basa en la ausencia de hallazgos positivos.

1. Epilepsia

1.1 Historia

Antiguamente (aprox. 2000 a.C.) se hablaba de epilepsia o de ataque de epilepsia cada vez que un individuo perdía sus sentidos en forma imprevista (*ep(í)* ἐπί gr. *'sobre'* + *lēp-* ληπ- gr. *'coger', 'tomar'* + *-síā* gr.) En griego epilēpsíā, *[ἐπιληψία]* o *epílēpsis [ἐπίληψις]* significa interceptar. La medicina de la época, lo interpretaba como un "ataque súbito que sobrecoge o te captura" (Eadie, M.J and Bladin, P.F. 2001).

La creencia griega (400 a.C.) era que se trataba de una *enfermedad sagrada*. Para la forma de pensamiento de aquella época, solamente un dios podía arrojar a las personas al suelo, privarlas de sus sentidos, producirles violentas sacudidas para después volverlos a la vida, aparentemente muy poco afectadas. En esa época era frecuente el uso del término *"seleniazetai", (regido por la luna [moonstruck] o lunático)* para describir a personas con epilepsia, porque se creía que ellos eran afectados por las fases de la luna, o por el dios de la luna (Selene) (Busia, Kofi and Murphy, Rita 2005; World Healt organization 2001). Fue Hipócrates (approx. 460 - 375 a.C.) quien escribió: *"Con respecto a la enfermedad llamada sagrada: me parece a mí no ser de ninguna manera más divina ni más sagrada que otras enfermedades [...]. El cerebro es la causa de esta aflicción [...]. Cuando la flema [de sobra] [del cerebro] fluye abajo a través de las venas, el paciente pierde su discurso y hace espuma en la boca, se contraen sus manos, los ojos se contorsionan, se hace insensible, y los intestinos son en algunos casos vaciados [...]. Los pacientes patalean con sus pies [...]. El paciente debe aguantar todos estos síntomas cuando la flema fría fluye en la sangre caliente"*. De esta manera propone en su libro "*Tratado sobre la enfermedad sagrada*" que la epilepsia era una enfermedad como cualquiera otra, provocada por un desorden del cerebro y no por alguna causa extranatural. (German Epilepsy Museum 1998; Daras, M.D. y col 2008; Gram, L y Dam, M. 1995).

A lo largo de los siguientes 2000 años surgieron tres teorías distintas sobre las causas de epilepsia. Una de ellas sostenía que los epilépticos estaban poseídos por espíritus o demonios. La Biblia (libro de Marcos, capítulo 9, versículo 17 a 27) cuenta la forma en que Jesús eliminó los espíritus diabólicos de un hombre que había tenido ataques desde la infancia. Con el correr de los años, y a la luz de nuevos paradigmas, se pensó que la causa de la epilepsia era una producción de flema (uno de los líquidos corporales junto a la sangre, la bilis negra y la roja) en las arterias que desembocaban en la cabeza, lo que provocaba una interrupción del aporte de aire. Galeno pensaba que la flema se formaba en un brazo o una pierna, y de allí se extendía al resto del organismo, explicando de esta manera que las convulsiones pudieran iniciarse en esas partes del cuerpo para generalizarse posteriormente. Se utilizaba el torniquete como tratamiento e incluso se recurría a la amputación. Cuando las crisis no tenían inicio localizado se llevaba a cabo una trepanación para eliminar la flema, que suponían había alcanzado la cabeza.

Posteriormente, con más elementos científicos a disposición, tomó auge la idea que la epilepsia era una enfermedad infecciosa, causada por toxinas; las convulsiones representaban el intento del organismo por liberarse de las sustancias nocivas, del mismo modo que el hipo era el intento del estómago por evacuar el alimento dañino.

La enfermedad se consideraba como una maldición, deseable para los peores enemigos. Prueba de ello es que entre las pestes que invocó Martín Lutero para la Iglesia Católica se encontraba la epilepsia. Lo cierto es que hasta fines del siglo pasado no existía absolutamente ninguna forma de tratamiento efectivo contra este trastorno (Gram, L y Dam, M. 1995).

Durante el renacimiento se realizaron notables descripciones acerca de la epilepsia, especialmente las realizadas por Ambrosio Paré (1510-1590) un famoso cirujano y anatomista francés quien la describió diciendo: *"epilepsia significa sorpresa o retención de todos los sentidos"*. Las palabras sorpresa y retención de sentidos, además de crisis, dieron significado al nombre que los griegos habían elegido para esta enfermedad "epilepsia" (Gastaut, H. 1977)

Aunque el concepto fisiopatológico de epileptogénesis cortical fue reportado por varios autores [Richard Bright (1831), Robert Bentley Todd (1849), Samuel Wilks (1866) y John Thompson Dickson (1869)], fue el neurólogo John Hughlings Jackson, quien sentó las bases de la epileptología moderna con su trabajo *"Estudio sobre la convulsión"*, publicado en 1870. Jackson propuso que las crisis eran el resultado de breves descargas repentinas en el cerebro. También sugirió que el carácter de las crisis dependía de la localización y la función del sitio anatómico de las descargas (Eadie, M.J. 2007; Lhatoo, S. D. y Sander, J. W. 2003; World Health Organization 2005).

La forma de concebir la epilepsia en la medicina ha ido cambiando a lo largo de la historia, hasta nuestros días. El diccionario de la Organización Mundial de la Salud (OMS) (1973) define la epilepsia como *"una afección crónica de etiología diversa, caracterizada por la presencia de crisis recurrentes debidas a una descarga excesiva de las neuronas cerebrales (crisis epilépticas), asociadas a diversas manifestaciones clínicas o paraclínicas. Las crisis epilépticas únicas, o las ocasionales, no constituyen una verdadera epilepsia, como tampoco la repetición más o menos frecuente de crisis durante una enfermedad aguda"*.

1.2. Crisis epiléptica

Para la ILAE una crisis epiléptica es "la aparición transitoria de signos y/o síntomas debido a la actividad neuronal excesiva y sincrónica en el cerebro (Engel, J. Jr. 2006 b; Fisher, R.S. y col. 2005)

La crisis epiléptica consiste en un fenómeno súbito y transitorio, que resulta de una disfunción cerebral temporal, parcial o generalizada. La mayor parte de la evidencia sugiere que pequeñas áreas corticales del cerebro ("focos") son capaces de desencadenar una crisis epiléptica al propagarse las descargas desde el sitio de origen hacia otras regiones conectadas sinápticamente.

En las estructuras corticales la actividad epiléptica deriva de algún tipo de desbalance o desequilibrio entre las influencias despolarizantes e hiperpolarizantes que ocurren en una gran red interconectada de neuronas (alteraciones sinápticas, alteraciones en la regulación de la concentración de iones, o alteraciones intrínsecas de la membrana celular) (McCormick, D. A y Contreras D. 2001). En todos los modelos de epileptogénesis cortical la generación de las crisis es totalmente dependiente de la neurotransmisión (McCormick, D. A y Contreras D. 2001).

1.3. Generadores corticales de eventos epileptiformes:

Mecanismos básicos de la epileptogénesis focal:

La capacidad de ciertas poblaciones neuronales corticales de generar descargas excesivas, sincrónicas y de alta frecuencia es el sustrato de la epileptogénesis focal. La señal EEGráfica de este proceso es la "punta" interictal, que consiste en un campo eléctrico prominente y de gran amplitud, asociado a cambios despolarizantes prolongados en el potencial de membrana celular y paroxismos de potenciales de acción en grandes grupos de neuronas.

Estas descargas epilépticas se deben a la interacción de varios factores, entre los que se incluyen (Mutani, R. y col. 1993, Pellegrino, F.C. 1999a):

1) ***Propiedades intrínsecas de las membranas de ciertas subpoblaciones neuronales:***

   Se ha postulado que alteraciones intrínsecas de la membrana celular (adquiridas o heredadas) están asociadas, bajo ciertas circunstancias, a un incremento en la excitabilidad neuronal. La injuria celular puede producir cambios en los canales iónicos de la membrana produciendo cambios en su excitabilidad, aunque no se conoce cuán extensos (en las dendritas, el soma o el axón) pueden ser dichos cambios (Bernard, C y col. 2004; Prince, D. A. 1993). En cortes de hipocampo o de neocorteza mantenidos "in vitro" pueden reproducirse descargas epileptiformes mediante ciertos agentes que aumenten la excitabilidad neuronal. Las descargas no comienzan al azar, sino que tienen su origen en subpoblaciones particulares de neuronas cuyas propiedades de membrana les confieren la capacidad de generar descargas paroxísticas intrínsecas, aún en condiciones de aparente normalidad. En el hipocampo se han identificado células piramidales en CA2-CA3, que sirven como marcapasos para eventos epileptiformes espontáneos (Schwartzkroin P.A. and Prince D.A. 1978). En la neocorteza existe un grupo de neuronas de características similares en las capas IV y V (Chagnac-Amitai Y. and Connors B.W. 1989; Chagnac-Amitai, Y. y col 1990). La suposición de que las descargas eléctricas focales pueden iniciarse en una única neurona ("célula marcapaso") es sostenida por la demostración de que la activación de una sola célula piramidal en la región CA3 puede liderar una descarga en una población.

2) ***Reducción de los mecanismos de control inhibitorios:***

La activación repetitiva de circuitos corticales provoca una depresión de la inhibición sináptica en tejidos sin lesiones, disminuyendo la fuerza de los potenciales post-sinápticos inhibitorios (PPSI) debido a un agotamiento de la disponibilidad de Cl^- extracelular y a la inhibición de la liberación de GABA en la presinapsis. Además, a partir de varios modelos de epilepsia crónica, se comprobó que la injuria cortical puede afectar selectivamente a los circuitos inhibitorios (Ribak, C.E. y col. 1982). Sin embargo, a partir de algunos modelos de epilepsia del lóbulo temporal, se ha propuesto que las interneuronas inhibitorias de las vías hipocampales pueden influir sobre la actividad epileptiforme de las neuronas piramidales actuando como antiepilépticas o proepilépticas, es decir impidiendo la generación de potenciales de acción, o sincronizando su descarga. Esta característica es dependiente del área donde se encuentren las interneuronas, de la vía inhibitoria estudiada y del estado fisiológico de las mismas. (Bernard, C. y col. 2000)

3) ***Asociación excitatorias (predominantemente sináptica) entre las neuronas de la región epileptógena:***

Un mecanismo por medio del cual la injuria cortical puede conducir a la epileptogénesis a través del incremento en las uniones sinápticas excitatorias podría ser el desarrollo de nuevos circuitos recurrentes excitatorios debido al *sprouting* axonal (neoformación de sinapsis a través de nuevos brotes axónicos). En este sentido, se han hallado evidencias anatómicas que indican el desarrollo de tales circuitos en el giro dentado de animales como consecuencia de injurias corticales (Sutula, T. y col. 1988). El mismo hallazgo ha sido reportado en porciones del lóbulo temporal en humanos, removidos luego de cirugía de epilepsia (Sutula, T. y col. 1989). Otros mecanismos que pueden alterar las uniones sinápticas excitatorias incluyen cambios en la densidad de subtipos de receptores glutamatérgicos en las neuronas post-sinápticas y alteraciones en receptores NMDA como resultado de crisis reiteradas (Sutula, T. y col. 1988).

Como la epilepsia es un signo de disfunción cerebral que puede tener variadas etiologías, es comprensible que diferentes procesos patológicos (traumas, hipoxia, tumores, infecciones y elementos tóxicos) puedan inducir crisis a través de diferentes combinaciones de los mecanismos mencionados.

1.4. Epileptogénesis generalizada

Las crisis de ausencias (Pequeño Mal) son consideradas como el prototipo de la epilepsia primaria generalizada y son un desorden cerebral típico del *Homo sapiens* que presenta una fisiopatología característica, un trazado EEG diferencial (punta-onda lenta a 3 ciclos por segundo), una dinámica específica de evolución, y está relacionado a importantes factores tales como estimulación lumínica, hiperventilación, sueño y estímulos del despertar (Destexhe A. and Sejnowski, T. J. 2003; McNamara, J. 0. 1994; Niedermayer, E. 1993; Stafstrom, Carl E. 2006; Steriade, M. 2006). Los mecanismos fisiopatológicos de la epilepsia generalizada comprenden complejas interacciones entre estructuras corticales y subcorticales. Estudios experimentales en la década del ´40, han demostrado el papel fundamental del tálamo en la generación de las descargas de punta-onda lenta. Recientemente se ha demostrado que dichos grafoelementos reflejan un patrón oscilatorio que involucra un circuito neuronal talamocortical (Contreras, D. and Steriade, M. 1995; Steriade, M. 2001, 2006).

En los últimos años se ha cuestionado la existencia de las crisis tónico-clónicas generalizadas (gran mal) como un tipo de crisis generalizada particular. Hoy en día se considera que la actividad epileptógenica generalizada depende de una diseminación sincrónica y rápida de la actividad focal neuronal a través de circuitos corticales intra e interhemisféricos, o de circuitos que involucran conexiones con estructuras del tronco encefálico, como por ejemplo el tálamo, evidenciado la susceptibilidad del cerebro a la diseminación de la actividad epileptógena (Bonhaus, D.W. y col. 1986, Fromm, G. H., 1991; Gloor, P. 1968; Norden, A. D. y Blumenfeld, H. 2002; Wada, J.A.; 1991). Para la ILAE existen algunos tipos de epilepsia generalizada (como la epilepsia benigna infantil con puntas centrotemporales) que constituyen en realidad una epilepsia focal con generalización secundaria. El EEG de esta patología presenta como característica su generalización veloz, que dificulta su diferenciación con la epilepsia idiopática generalizada (Engel, Jerome Jr. 2006 a)

1.5. Sincronización celular y propagación de la señal epileptógena

Mientras la actividad eléctrica anormal del foco se restrinja a un número relativamente pequeño de neuronas (unas 1000 o algunas más) (Westboock, G.L. 2000), no hay manifestaciones clínicas de la crisis epiléptica. La actividad sincronizada de este pequeño conjunto neuronal puede ser detectada, a veces, en la superficie del cráneo como una punta interictal o una onda aguda en el EEG. Durante el período interictal la actividad eléctrica anormal es limitada al foco epiléptico por el fenómeno de hiperpolarización pos-despolarización. Este fenómeno de hiperpolarización es particularmente dependiente de la presencia intacta de un circuito de retroalimentación e inhibición dado por las interneuronas inhibitorias GABAérgicas. El normal funcionamiento de este circuito proporciona un anillo inhibitorio de gran alcance que impide la diseminación de la actividad anormal. La organización y conectividad de las neuronas inhibitorias en la corteza es considerablemente compleja e intervienen diferentes tipos de células cerebrales (Westboock, G.L. 2000).

Durante la aparición de una crisis focal, el fenómeno de hiperpolarización desaparece gradualmente en algunas neuronas (debido principalmente a la labilidad del sistema GABAérgico, aunque también se han descrito cambios en los canales iónicos, en los receptores o en la estructura de las dendritas), debilitando el área de inhibición. En ese momento la actividad empieza a diseminarse más allá del foco epiléptico. Debido a la alta frecuencia de disparo de potenciales de acción, las neuronas cercanas empiezan a fallar en su repolarización, produciendo una ruptura en la contención del fenómeno inhibitorio (Westboock, G.L. 2000). Cuando esto sucede, la actividad eléctrica comienza a diseminarse hacia otras áreas cerebrales.

La actividad del *foco* se propaga utilizando las mismas vías neuronales que la actividad cerebral normal. La sustancia blanca subcortical (centro semioval) se encuentra conformada en su mayor parte por el sistema de fibras de asociación, que interconecta diferentes áreas de la corteza. Estas conexiones pueden ser divididas en dos categorías: a) el sistema de asociación corto ipsilateral, formado por las fibras arqueadas del cerebro *(Fibrae arquate cerebri),* que pone en contacto giros adyacentes; y b) el sistema de asociación largo ipsilateral, que pone en contacto áreas cerebrales distantes. En general estos axones se encuentran formando tractos o fascículos como el cíngulo, el fascículo longitudinal inferior, el fascículo longitudinal superior o el fascículo uncinado (Comité internacional de nomenclatura anatómica veterinaria. 1968, Voogd, J. y col. 1998).

Estas conexiones, que forman parte del sistema de fibras de asociación intrahemisférico, contribuyen a la sincronización de grandes poblaciones corticales en las diferentes regiones cerebrales.

El rol del sistema de fibras comisurales (cuerpo calloso, fornix o comisura blanca rostral) en la interrelación de la actividad de ambos hemisferios y en la contribución a la sincronización de la actividad interhemisférica ha quedado demostrado en varios trabajos, tanto para la actividad normal como para la actividad patológica (especialmente la actividad epiléptica) (Chabot, R. y Serfontein, G. 1996; Fromm, G. H., 1991.; Kamiński, M. y col 1997; Koeda T. y col. 1995; Koeda, T. y col. 1999; Kötter, R. 2007; Schnitzler, A. and Gross J. 2005, Steriade M. 2000; Vertes, R. P. and Kocsis, B. 1997; Vyazovskiy V.y col. 2004.; Wada, J.A.; 1991). La participación de estructuras subcorticales como el tálamo y/o la sustancia reticular del tronco encefálico, también ha sido asociada a la modulación y sincronización de la actividad interhemisférica, tanto en condiciones normales como patológicos (Destexhe, A. y col. 1999; Fromm, G. H. 1991; Gloor, P. 1968; Vertes, R. P. and Kocsis, B. 1997; Wada, J.A.; 1991).

2. Electroencefalograma

2.1. Definición

El EEG representa la actividad eléctrica de la corteza cerebral, registrada desde la superficie de la piel del cráneo. Refleja la dinámica de las asociaciones sinápticas corticales, dada por la sumación de los potenciales post-sinápticos, tanto excitatorios como inhibitorios, que se desarrollan en las dendritas mayores y en los cuerpos neuronales de grandes células piramidales. El registro obtenido es un gráfico de valores de voltaje en función del tiempo que muestra, amplificadas, las fluctuaciones de los campos eléctricos corticales. Con respecto a las características temporales, la señal EEGráfica cambia en forma permanente y es, en términos generales, impredecible. De todos modos, para su análisis puede dividirse en segmentos ("épocas") con propiedades más o menos constantes, siempre que se analicen segmentos que correspondan al mismo estado atencional. (Lopes da Silva, F.H. 1993).

2.2. Antecedentes

Las primeras observaciones de fenómenos eléctricos procedentes del SN se remontan al año 1848, cuando investigadores como Carlo Matteucci y Emil Du Bois-Reymond reportaron la presencia de señales eléctricas provenientes de los nervios periféricos. Estos estudios inspiraron a Richard Caton, profesor de fisiología en Liverpool, que en 1875 presentó los resultados obtenidos a partir de estudios electrofisiológicos en cerebros de monos, gatos y conejos en la Asociación Inglesa de Medicina (Cantor, D. 1999).

Si bien estos hallazgos resultaron de gran impacto para la comunidad científica, la asociación entre la actividad eléctrica cerebral y las funciones encefálicas no se investigó en con profundidad durante los 50 años siguientes. En el año 1929 Hans Berger publicó un trabajo acerca de los patrones de oscilaciones eléctricas obtenidas a partir de registros de superficie en el cuero cabelludo del ser humano (Cantor, D. 1999; Niedermayer, E. 2005). El gráfico obtenido y la técnica empleada para adquirirlo se denominó electroencefalograma.

En las décadas de 1930 y 1940 el EEG adquirió gran interés en el campo de la psiquiatría y la neurología. Investigadores de Alemania (particularmente de Berlín), Gran Bretaña, Francia y Bélgica dieron una importancia fundamental al EEG como herramienta clínica para comparar individuos normales y enfermos (Niedermayer, E. 2005). Los principales investigadores en este campo fueron Oscar Vogt, Edgar D. Adrian (Lord Adrian), Detfler Bronk, Claude Bernard, Francis Magendie y Frederic Bremer, que aportaron valiosa información en el desarrollo de esta técnica.

Alrededor de 1935 una serie de reportes provenientes de Estados Unidos marcaron el punto de entrada de América a esta historia. Los investigadores más importantes fueron Hallowell Davis, Donal Linsey, Grey Walters y Herbert Henry Jasper.

Sin embargo, lo que promovió el que quizás fuera el más excitante período de la historia de la electroencefalografía fueron los trabajo de Frederic Andrews Gibbs y su esposa Erna Leonhardt Gibbs (1934). Ellos describieron la asociación entre el "petit mal" y el complejo punta-onda lenta de 3 Hz y algunos años más tarde, junto a William Lenox, reportaron las características EEGráficas del "gran mal" y de las crisis sicomotoras. Fue en esos años que esta técnica alcanzó su plenitud, mostrando toda su eficacia en el diagnóstico de los trastornos epilépticos (Niedermayer, E. 2005).

El trabajo de Morrison y Dempsey (1942) describiendo la respuesta de reclutamiento cortical luego de la estimulación de las estructuras intralaminares del tálamo demostró las relaciones anatómicas y funcionales entre el tálamo y la corteza cerebral (Morrison, R.S. y Dempsey E.W. 1942). A partir de allí se enfatizó en el papel del diencéfalo en la electrogénesis cortical, en oposición al concepto imperante de "epilepsia centroencefálica".

De esta manera el EEG se constituyó en una herramienta capaz de establecer relaciones entre estructuras neuroanatómicas y su fisiología, hasta entonces estudiada solamente por métodos anatómicos.

El desarrollo de los trabajos clínicos y experimentales con relación al EEG alcanzó su máxima expresión alrededor del año 1960, luego de 30 años de permanente progreso. Paradójicamente, este espectacular crecimiento declinó de forma notoria al final de esa década. Mucho tuvo que ver en ello la aparición de las técnicas de neuroimagen estructural (tomografía computada y resonancia magnética), que eclipsaron al EEG en el diagnóstico de los disturbios focales del SNC.

Desde entonces, el interés de los electroencefalografistas tendió a cambiar desde el análisis visual del trazado, con sus ondas y patrones rítmicos, al análisis objetivo de los datos (Niedermayer, E. 2005). Hacia 1970 la práctica del EEG evolucionó y fue modelada a la tecnología digital, que permite el manejo matemático de las señales registradas. Por este método es probable determinar los parámetros numéricos que caracterizan las oscilaciones del EEG, posibilitando su posterior procesamiento estadístico. De esta manera se pudo definir con precisión la cantidad de cada una de las frecuencias eléctricas presentes, así como su real magnitud en la constitución del espectro total. Estos datos, agrupados en los rangos frecuenciales definidos por las bandas de frecuencias clásicas (Delta, Theta, Alfa y Beta), son pasibles de ser comparadas con los valores normales contenidos en una base de datos. El desarrollo de este campo permitió la cuantificación de la señal del EEG, cuyo producto es el EEG cuantificado (EEGc) (Murer, M.G. y Riquelme, L.A. 1995; Nuwer, M.R. 1995 y 1997; Riquelme, L. 1995).

A partir del momento en que se dispuso de suficiente número de canales surgió la posibilidad de mostrar la cuantificación en forma de relieves geográficos, creando verdaderos mapas de parámetros bioeléctricos que, de una manera u otra, describen la actividad eléctrica de la corteza cerebral. El Mapeo Cerebral (MC) es la expresión espacial de los datos provenientes del EEGc, de manera tal que pone en evidencia sus variaciones topográficas. Esta aplicación relaciona al EEG con el terreno de la neuroimagen (Ferrero, R.G.A. y Ferrero, A.L. 1995; Murer, M.G. y Riquelme, L.A. 1995).

La técnica de análisis cuantificado del EEG permite la evaluación de un gran número de variables, en comparación con el EEG registrado en papel. La utilización del EEGc permite contrastar valores individuales contra los de una población normal y, mediante distintos métodos estadísticos, calificar el grado de anormalidad (Roy John, E. and Prichep, L.S. 1995).

En el EEG clásico los cambios en el registro de la actividad base son apreciables en forma visual. En consecuencia, la experiencia del especialista juega un rol fundamental, tanto en la calidad del análisis como en su interpretación. En cambio, las técnicas de cuantificación del EEG permiten otorgar precisión a las apreciaciones sobre las frecuencias de los ritmos de base. Por ejemplo, la alteración localizada que, en un informe clásico realizado en base al análisis visual se define como un enlentecimiento focalizado de la actividad de base, se caracteriza con precisión mediante el EEGc, definiendo la composición porcentual de la ondas lentas (delta y theta) que provocan ese enlentecimiento, a expensas de una disminución, también definida numéricamente, de las bandas alpha y beta.

Además del análisis morfológico del trazado de base, la digitalización de la señal EEGráfica ha permitido el desarrollo de técnicas destinadas al reconocimiento de grafoelementos paroxísticos (puntas y ondas lentas), que introdujeron a los EEGrafistas en el camino del análisis automatizado del EEG en epilepsia y en otras patologías.

Del mismo modo, el EEGc otorga a la farmacología una poderosa herramienta para describir objetivamente los cambios que los fármacos producen en los sistemas neuroanatómicos funcionales.

Sin embargo el EEGc y el MC no reemplazan de ninguna manera al EEG tradicional. La validez de esta técnica para el reconocimiento de grafoelementos patológicos y características propias de múltiples patologías cerebrales está fuera de discusión (Delamonica, E.A. 1987). Inclusive se ha argumentado que los hallazgos que proporciona la electroencefalografía cuantificada sólo confirman lo que otras técnicas ya han indicado. En diferentes trabajos realizados en humanos se halló una estrecha correlación entre las alteraciones detectadas en forma visual y las alteraciones detectadas en el EEGc en individuos normales (Ahn, H. y col. 1980; Grasser, T. y col. 1982, 1983, 1985, 1988; Gimeno, V. y col. 1988; Hudspeth, W. y Pribram, K. 1990; Marciani, M.G. y col. 1990; Matousek, M. and Petersen, I 1973; Pazdera, L. and Vysata, O. 2006; Roy John, E. y col. 1977 a; Tatcher, R.W. y col. 1986) y para diferentes entidades clínicas como por ejemplo, desórdenes afectivos (Coburn K.B. y col. 2006; Huges, J.R. and Roy John, E. 1999; Perris, C. 1980; Prichep L.S. 1983 y 1987; Roemer R. y col. 1992; Roy John E. y col. 1988 b), esquizofrenia (Cantor, D.S. y col. 1986 b; Flor-Henry, P. y col. 1983, 1984; Garber, H. y col. 1989;

Grebb, J.A. y col. 1986; Huges, J.R. y Roy John, E. 1999; Prichep L. y Roy John, E. 1992), déficit de atención y/o desórdenes del aprendizaje (Clarke, A. y col. 2007; Chabot, R.J. y Serfontein, G. 1996; Fein, G. y col. 1983; Huges, J.R. y Roy John E. 1999; Prichep, L.S. y Roy John, E. 1990; Roy John, E. y col. 1977, 1981, 1985, 1988a; Thatcher, R.W. y col. 1982), demencia (Brenner, R.P. y col. 1986, 1988; Fisch, B.J. y Pedley, T.A. 1989; Giannitrapani, D. y Collins, J. 1988; Huges, R.J. y Roy John, E. 1999; Kay, T. y col. 2005; Oken, B. y Kale, J. 1992; Prichep, L.S. 1983, 2007; Rossini, P.M. y col. 2006) y traumas encefálicos (Ayers, E.A. 1999; Burchfiel, J.L. y Duffy, F.H. 1982; Cantor, D.S. y col. 1986a, 1986b; Demaree, H.A. 1995; Duffy, F.H. y col. 1979; Gotman, J. 1986; Huges, J.R. y Roy John, E 1999; Matousek, M. y Bader, G. 1990; Nuwer, M.R. 2005; Senf, G.M. 1988; Thatcher, R.W. y col. 1989, 1991). No obstante ello, en los últimos años han surgido trabajos que indican que el EEGc, en conjunto con otros métodos complementarios, otorgan al médico clínico variables objetivas que permiten desarrollar un modelo pronóstico básico para algunas patologías como la demencia. (Cantor, D. 1999).

La cuantificación del EEG ha permitido determinar con precisión la composición frecuencial de los ritmos de base, sus variaciones regionales y el análisis estadístico de los resultados, que posibilita contrastarlos contra valores normales, abriendo un horizonte nuevo al análisis de la actividad eléctrica cerebral.

2.3. Conceptos básicos del EEG y generación de la señal eléctrica

Las señales eléctricas permiten generar un código basado en la frecuencia y la distribución de las señales individuales. La información codificada se propaga de célula a célula mediante la transmisión sináptica, que se basa en la comunicación interneuronal a través de señales electroquímicas, mediante la liberación de neurotransmisores almacenados en las terminaciones sinápticas.

En condiciones normales las neuronas presentan una distribución desigual de iones entre el interior y el exterior de su membrana. Esta diferencia se origina en varios hechos: 1) las membranas son *selectivamente permeables* a algunos de estos iones, debido a la existencia de canales iónicos específicos que permiten que sólo algunos de ellos atraviesen la membrana celular a favor de su gradiente de concentración, y 2) la existencia de bombas iónicas que mueven activamente hacia el exterior o el interior de las células iones en contra de su gradiente de concentración generando una *diferencia en las concentraciones* de iones específicos a través de las membranas celulares. El desequilibrio iónico resultante genera una diferencia de voltaje a ambos lados de la membrana, denominado *potencial de membrana en reposo* que, dependiendo de la neurona estudiada, varía entre los -40 y -90 mV.

Este potencial se encuentra sujeto a fluctuaciones que surgen como consecuencia de la actividad sináptica y son causadas por cambios en la permeabilidad de la membrana celular. Los cambios eléctricos se producen debido a los movimientos iónicos extra e intracelulares (ej. Na^{+}, K^{+}, Cl^{-}, Ca^{++}), resultado de la apertura o cierre de canales iónicos.

Cuando un potencial de acción (PA) viaja por una fibra presináptica, al llegar al telodendros provoca la liberación de neurotransmisores. Si la fibra por la que viaja el PA termina en una sinapsis excitatoria, se liberan neurotransmisores excitatorios como el glutamato, la acetilcolina o las catecolaminas, que generan un cambio en el potencial de reposo en la neurona postsináptica, denominado *potencial postsináptico excitatorio* (PPSE). Debido a la arquitectura de las neuronas de la corteza cerebral (que generalmente son multipolares), cada célula recibe en sus dendritas o en el soma una gran cantidad de entradas sinápticas. Si los PPSE ocurren con diferencia de pequeños intervalos de tiempo, pueden sumarse en forma temporal. Cuando ocurren simultáneamente en determinados sitios de la neurona, se suman además en forma espacial. Si dos PPSE coinciden en tiempo y en espacio, se produce un fenómeno de sumación que puede generar un cambio de potencial suficiente como para que se dispare un PA en el cono axonal.

Si la fibra por la que viaja el PA finaliza en una sinapsis inhibitoria, produce una hiperpolarización de la membrana postsináptica, lo que representa un *potencial postsináptico inhibitorio* (PSSI). Los neurotransmisores como el acido-gamma-aminobutírico (GABA) o la glicina son los principales neurotransmisores inhibitorios en el SNC. A diferencia de lo que ocurre con los PPSE, los PPSI no son capaces de generar un PA.

Se denomina "zona activa" de la neurona a aquel sitio en donde se produce una corriente de entrada de iones positivos a través de la membrana celular que genera una zona negativa en el exterior ("sumersión"). Este hecho determina que desde las "zonas inactivas" de la neurona, surjan corrientes iónicas secundarias que circulan hacia esa región electronegativa ("emersión"), generando una densidad electropositiva en el exterior. Las corrientes iónicas que fluyen en el espacio extracelular son responsables de la generación de un *campo eléctrico.* ***(Figura 1).*** Esta situación determina la aparición instantánea de áreas con cargas eléctricas opuestas (dipolo). Tanto en la actividad electroencefalográfica normal, como en la que ocurre en situaciones patológicas (como por ejemplo, la epilepsia) estos dipolos son el reflejo de la actividad sináptica de grandes grupos de neuronas corticales.

Figura 1: el esquema muestra la distribución de las cargas y las corrientes eléctricas que se producen en el interior de una neurona y en el medio extracelular como consecuencia de la aplicación de un potencial de acción excitatorio. El sitio de entrada de iones positivos a la neurona se denomina *zona activa*. En el lado externo de la membrana se genera una zona con cargas negativas (sumersión). Las corrientes eléctricas secundarias que se generan en el medio extracelular como consecuencia de la sumersión (emersión) generan zonas electropositivas. Este flujo de cargas eléctricas en el medio extraneuronal es el responsable de la generación del campo eléctrico. PA (potencial de acción); PEPS (potencial excitatorio possináptico). Las flechas indican la dirección de las cargas eléctricas (Riquelme, L. 1995)

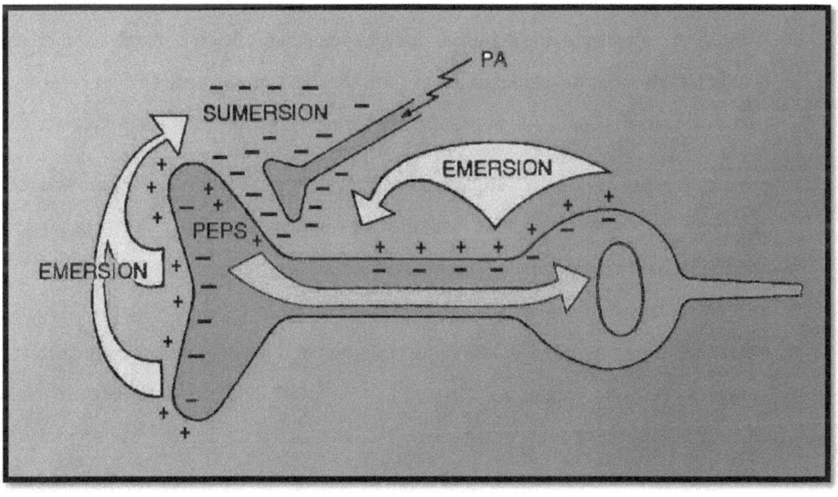

Los patrones de interconexiones de las neuronas piramidales facilitan la integración de una gran variedad de aferencias y eferencias, actuando como un amplificador de los potenciales sinápticos. La ubicación de sus dendritas en forma perpendicular a la superficie del cerebro atravesando varias capas celulares, y la proyección de sus axones en un plano paralelo a las capas corticales determinan que su actividad se convierta en uno de los principales generadores de la actividad observada en el EEG (Martin, J.H. 1991).

En determinadas circunstancias los campos eléctricos de las neuronas individuales se pueden sumar aumentando su magnitud. Este fenómeno se ve favorecido por las particularidades arquitectónicas del cerebro. La *organización laminar* que presenta la corteza cerebral, formado por capas celulares dispuestas en forma paralela a la superficie pial e interconectadas entre sí, facilita la sumación espacial de los campos eléctricos (Lopes da Silva, F.H. y col. 1990 Sánchez, A.; y Von Lawzewitsch, I. 1985). La *organización columnar,* determinada por módulos funcionales básicos (*columnas verticales* de unos 100 a 300 µm de diámetro) cuyas células participantes se encuentran interconectadas en forma perpendicular (Riquelme, L. 1995; Voogd, J. y col. 1998), le confiere un ordenamiento espacial adicional que agrega un factor de sincronización temporal, que permite que coincidan los estados de activación o inactivación de cada una de las neuronas del conjunto. Estas características otorgan a la corteza cerebral las condiciones ideales para que se produzca la sumación sincrónica de campos eléctricos.

De acuerdo con los estudios de Mountcastle (1978), en la corteza es posible identificar unidades de procesamiento de mayor tamaño (500 - 1000 µm), denominadas "macrocolumnas", que consisten en la agregación de una gran cantidad de microcolumnas (Mountcastle, V. 1978., Voogd, J. y col. 1997). Esta organización asegura la interconectividad de dos o más columnas mediante diferentes sistemas de asociación intracorticales, que juegan un rol importante en el establecimiento de asociaciones entre grandes poblaciones, que generan distintos patrones de actividad en la corteza (Katchalsky, A. K., y col. 1974). Uno de estos sistemas, denominado sistema de fibras cortas, surge de los brotes colaterales de las células piramidales, y se extiende hasta 3mm de longitud (Szentfigothai, J. 1978; Van Rotterdam A. y col. 1982). Otro, denominado sistema intracortical paralelo a la superficie, está formado por grupos de axones que asocian estructuras que se encuentran a una distancia de hasta 6-8 mm de longitud (Szentfigothai, J. 1978; Van Rotterdam A. y col. 1982). Además de estos sistemas córtico-corticales, se han descrito células en cesto que actúan como interneuronas. Sus prolongaciones axonales, de alrededor de 500 – 1000 µm de longitud, contactan directamente con los cuerpos de las neuronas piramidales. Se ha especulado que posiblemente actúen como células inhibitorias que modulan el sistema intracortical de las neuronas piramidales (Peters, A. y col. 1982, Somogyi, P. y col 1979). Esta hipótesis de funcionamiento ha sido reproducida en modelos computacionales de "cadenas de neuronas" (Van Rotterdam A. y col. 1982)

De acuerdo a la teoría del *volumen de conducción*, que describe los flujos iónicos generados en el espacio extracelular, para que se genere una variación de potencial que pueda ser detectada en el EEG de superficie debe producirse una descarga sincrónica de una columna funcional de miles de células nerviosas. Cálculos teóricos a partir de modelos de epilepsia indican que es necesaria la actividad sincrónica en una superficie cortical de al menos 4 x 6 cm para su registro desde la piel del cráneo (Pedley, T.A. y Traub, R.D. 1990; Riquelme, L. 1995).

Acorde con los conceptos más modernos, la forma de la superficie cortical (con sus giros y surcos) también debe ser considerada en el origen y análisis del EEG. La corrientes iónicas que fluyen dentro de los múltiples microdipolos que se forman en la corteza son fundamentales; los potenciales originados en la superficie de los giros orientados en forma paralela al área del cráneo tienen efecto máximo sobre los electrodos de superficie, mientras que los potenciales provenientes de las zonas más profundas tienen efectos mínimos (Holliday, T. A. y Williams, C. 1999; Holmes, O. y Howard, L. 1971) ***(Figura 2)***

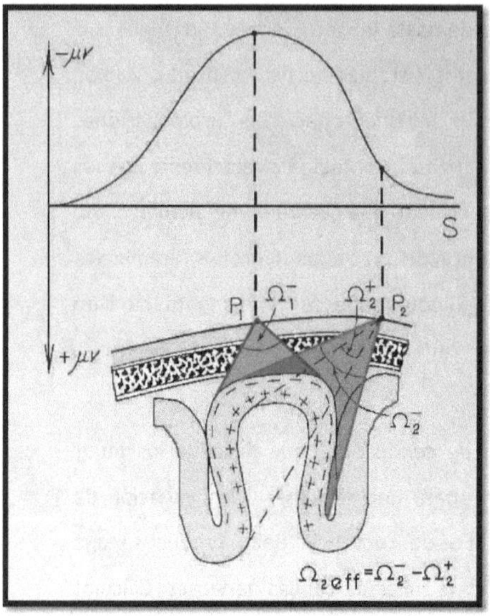

Figura 2: el esquema muestra la proyección de las cargas de los dipolos corticales de un giro cerebral. En la parte superior se observa un gráfico de voltaje con relación a la posición de los electrodos.
Nótese como la sumatoria de las cargas eléctricas negativas en la parte superficial del giro (alineadas en forma paralela a la superficie del cráneo) tiene un efecto aditivo sobre el electrodo de la posición 1 (P_1). El electrodo P_2, además de las cargas negativas de la superficie cortical, registra las cargas positivas provenientes de la superficie profunda del giro cerebral, perpendicular a la superficie. El valor del voltaje final del electrodo P_2 es el resultado de la sumatoria de las cargas negativas y las cargas positivas. (Ver ecuación al pie de la figura) (Gloor, P. 1985)

La señal registrada por los electrodos de superficie no aporta demasiada información acerca de las características de los generadores eléctricos corticales, debido a que un PPSE o un PPSI pueden producir la misma variación del potencial registrado, dependiendo del sitio donde ocurra la sinapsis. De forma similar, el mismo evento sináptico puede producir un potencial diferente en función a la localización espacial en la que ocurre. (Delamonica E.A. 1987; Holliday, T. A. y Williams, C. 1999; Lopes da Silva, F.H. 1993; Lopes da Silva, F.H. and Van Rotterdam, A. 1993; Riquelme, L. 1995) ***(Figura 3)***. Este fenómeno ha sido denominado "problema inverso". La solución a este problema aún no ha sido hallada, ni siquiera utilizando modelos matemáticos sofisticados que pueden inducir a errores cuando se quiere determinar el origen real de la señal eléctrica registrada. (Lopes da Silva, F.H. 1993).

Figura 3: El esquema muestra los registros obtenidos a partir de electrodos de campo (E) y electrodos de membrana (EM) colocados en la superficie (1) o en profundidad de la corteza cerebral (2). Obsérvese la variación de los registros eléctricos según el sitio (superficial/ profundo) donde se produce la sinapsis, según sea excitatoria (A) o inhibitoria (B) (Speckmann, E.J. y Elger, C.E. 1993)

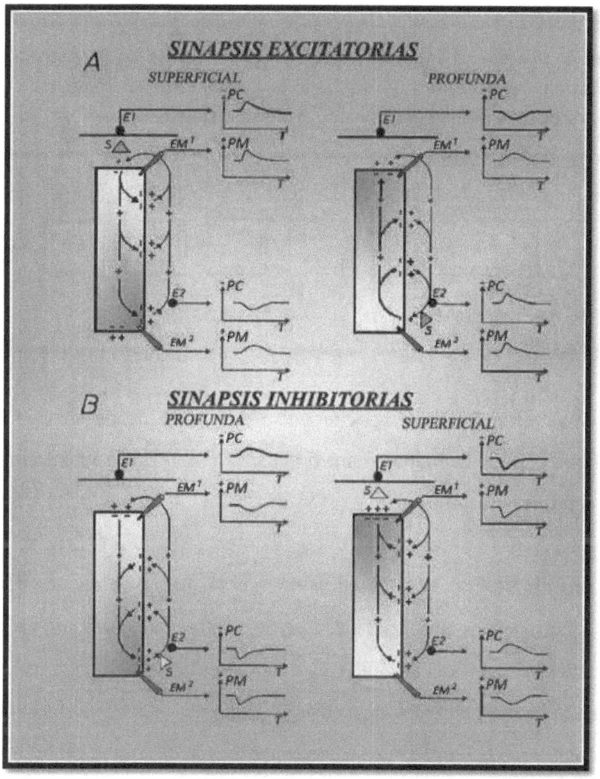

2.4. Componentes técnicos del sistema para la obtención del EEG

El registro EEGráfico nos muestra una representación de la distribución temporal de los potenciales cerebrales, obtenidos a partir de electrodos colocados sobre la superficie del cráneo. Usualmente, un sistema de adquisición de EEG está equipado por un número determinado de canales de registro (8, 16, 21 o más). Un canal EEGráfico se encuentra constituido por una serie de elementos que tienen por función la adquisición, amplificación y, en el caso de la EEGrafía computada, la digitalización de las variaciones del campo eléctrico cerebral en función del tiempo. El resultado es un registro de la actividad eléctrica con la menor cantidad de interferencia posible, capaz de ser dibujado sobre papel, o presentado en forma digital en un monitor de computadora. ***(Figura 4)***

Figura 4: El esquema muestra los diferentes elementos de un sistema de adquisición, amplificación y digitalización para EEGrafía computada. El conjunto de dichos elementos constituye un canal electroencecefalográfico.

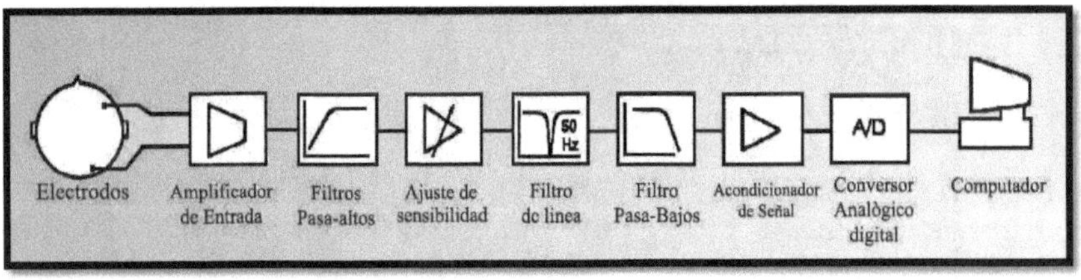

El montaje es el patrón de relación entre los electrodos, es decir las diferentes maneras en que pueden combinarse entre ellos, variando esencialmente de acuerdo con el uso o no de una referencia. Existen dos tipos de montajes, el *de referencia común y el bipolar,* que variarían conceptualmente en la interpretación de los grafoelementos del trazado. En el *montaje de referencia común* la salida del canal de registro es la diferencia de potencial entre un electrodo activo (ubicado en puntos de registro de actividad eléctrica cerebral) y otro de referencia común a todos los canales, posicionado en alguna ubicación de actividad eléctrica *relativamente* neutra. En el *montaje bipolar* la salida de cada canal corresponde a la diferencia de potencial entre dos electrodos activos.

Las derivaciones son las diferentes maneras en que pueden presentarse los canales para su lectura, es decir la forma en que se combinan los electrodos en la pantalla del procesador (interhemisférica, halo, antero/posterior, transversal, en círculo, coronal, etc.). El EEG computarizado permite dinamizar la lectura e interpretación ya que es posible analizar diferentes derivaciones durante la lectura del EEG e ir modificándolas para poder evaluar un fenómeno eléctrico desde diferentes puntos de vista. De esta manera es posible identificar la zona cerebral relacionada con un fenómeno determinado que se esté analizando. En el EEG registrado en papel si no se ha realizado esa derivación específica es más difícil llevar a cabo dicha exploración, impidiendo la posibilidad de analizar los fenómenos eléctricos desde más de una derivación. (Delamonica E.A. 1987, Rowan, James A. y Tolunsky, Eugene 2004)

La utilización de los diferentes montajes y derivaciones tiene como finalidad mostrar de la forma más clara posible la actividad cerebral presente. Cualquier combinación de electrodos es aceptable siempre que sea capaz de resaltar de forma correcta la actividad eléctrica cerebral. (Delamonica E.A. 1987, Pellegrino, F.C. 2003 b)

2.5. Descripción del EEG

Una vez obtenido el trazado EEGráfico sobreviene la etapa de interpretación del registro. La correcta interpretación de un EEG requiere el conocimiento previo de tres factores, sin los cuales la valoración es imposible: a) la edad del paciente, b) el estado de conciencia y c) el montaje utilizado.

En el trazado EEGráfico pueden reconocerse básicamente dos tipos de actividades: la actividad normal y la actividad anormal.

Actividad normal:

Los fenómenos bioeléctricos cerebrales normales consisten en una actividad de base o de fondo, a la que puede agregarse eventualmente una actividad transitoria.

La actividad de base se caracteriza por la existencia de ritmos u ondas de características similares, con aparición regular y recurrente. Tales ritmos se definen en base a la *amplitud* y a la *frecuencia*.

La *amplitud* expresa el voltaje a lo largo del tiempo. El voltaje determina la amplitud de la señal, se mide de pico negativo a pico positivo y se expresa en microvoltios (µV) (1/1.000.000 Volt). La señal originada en la corteza cerebral sufre una atenuación, que se produce como consecuencia de atravesar las meninges, el líquido cefalorraquídeo, los huesos del cráneo, el tejido subcutáneo y la piel. En humanos generalmente se encuentra en un rango de 20 a 50 µV. Sin embargo, se presenta una gran variabilidad con amplitudes que pueden variar de 10 µV a más de 100 µV (Cantor, D. 1999; Niedermayer, E. 1993 b). La amplitud del EEG tiende a atenuarse en respuesta a la estimulación. Se utiliza el término supresión cuando no hay actividad rítmica, o la misma no es identificable. En perros la amplitud del registro varía entre los animales, siendo en condiciones normales alrededor de 3 a 5 μV, dependiendo de la distancia de los electrodos a la capa generadora del dipolo, que es proporcional al grosor del cráneo y, por lo tanto, a la distancia entre la zona activa y el electrodo de registro. Siempre el voltaje es más bajo en las áreas frontopolares y temporales en todas las razas de perros. (Pellegrino, F.C. y Sica, R. 2004.)

La *frecuencia* es el número de oscilaciones o ciclos completos de una onda (con su fase positiva y negativa) que tiene lugar en una unidad de tiempo. Se expresa en Hertz (Hz), que equivale al número de ciclos en un segundo. Existen frecuencias ultra-lentas y ultra-rápidas que no juegan un rol importante en el EEG clínico (con excepción de la actividad ultra-lenta que se observa en el coma profundo o en el estado terminal). Por esta razón el interés clínico se ha centrado en las frecuencias que presentan relevancia psicofisiológica. Se clasifican en ritmos lentos (0.3-7 Hz), ritmos medios (8-13 Hz), ritmos rápidos (14-30 Hz) y ritmos muy rápidos (superiores a 30 Hz).

Estas frecuencias se encuentran a su vez segmentadas en bandas o rangos:

Banda Delta (δ)	hasta 3 Hz (usualmente 0.1- 3 Hz)
Banda Theta (θ)	4-7 Hz
Banda Alpha (α)	8-13 Hz
Banda Beta (β)	mayores a 13 Hz (usualmente 14- 40 Hz)

La secuencia de las letras griegas no presenta una lógica especial, sino que se encuentra relacionada a la cronología de sus descripciones históricas. Los términos "alpha" y "beta" fueron acuñados por Berger en 1929. El término "gamma" fue utilizado por Jasper y Andrews en 1938, y su nombre obedece al orden en que fue descrita dicha frecuencia. Con el tiempo el término gamma fue abandonado y actualmente este ritmo se considera como una parte del ritmo beta. El término "delta" fue introducido por Walter (1936) para designar todas las frecuencias por debajo del ritmo alpha. Sin embargo, el mismo Walter sintió la necesidad de darle otro nombre a la oscilación que se encuentra en el rango entre 4 y 7 Hz y utilizó el nombre "theta". La elección de dicha letra, salteándose algunas letras del alfabeto griego, simbolizaba al tálamo, ya que en aquella época se presumía que este ritmo se originaba en esa estructura (Niedermayer, E. 1993 b).

Algunos autores denominan a los ritmos hasta aquí descritos como **actividades habituales** del EEG (Nieto Barrera, M. y Pita Calandre, E. 1993). Quedan incluidas en este grupo actividades de aparición episódica como los husos de sueño o actividad sigma (7-14 Hz), la actividad lenta o muy lenta del sueño (menos a 1 Hz) y el ritmo beta rápido asociado a estados de atención focalizado. (Delamonica E.A. 1987; Riquelme, L. 1995)

Las bases neuronales de las actividades habituales fueron descritas principalmente durante las décadas del 30 y del 40, pero el mecanismo detallado de su génesis tomó especial vigor a partir de 1980 gracias a los conocimientos acerca de las propiedades de las membranas celulares, la conductancia iónica de las distintas células y el ordenamiento funcional, en redes, de las diferentes poblaciones neuronales. El sustrato neuronal por el que se generan algunos ritmos del EEG ha sido íntimamente dilucidado. Sin embargo, otros tipos de oscilaciones todavía no han sido totalmente comprendidas a nivel celular o de poblaciones neuronales.

Los principios fisiológicos de las oscilaciones del EEG se explican en base a la distribución laminar de las neuronas en la corteza cerebral, sus prolongaciones y los potenciales de acción que ellas reciben. Cuando una serie de potenciales de acción llega desde los axones neuronales hacia las dendritas de las células piramidales se genera un cambio de potencial que es proporcional al patrón de descarga de las fibras aferentes.

Figura 5: El esquema representa dos neuronas corticales y sus aferencias excitatorias. E_1 y E_2 identifican a los electrodos de las vías aferentes, con sus respectivos registros. E_3 y E_4 representan electrodos (y sus respectivos trazados) ubicados en las dendritas apicales de las neuronas piramidales. E_5 representa el electrodo de superficie y su respectivo trazado. (5b representa un trazado electroencefalográfico de superficie, 5c representa un trazado obtenidos con electrodos subdérmicos de corriente directa). Obsérvese cómo al producirse un paroxismo de descargas en las fibras aferentes cambia el patrón del registro en las dendritas y el registro de superficie. Este fenómeno es postulado como principio fisiológico de generación de algunos ritmos cerebrales (Speckmann, E.J. y Elger, C.E. 1993)

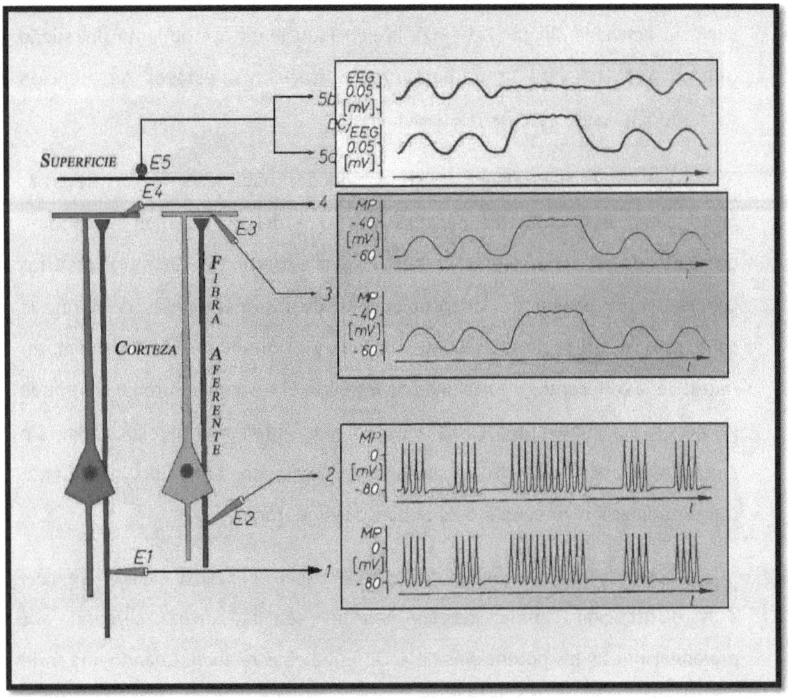

De esta manera, al producirse un influjo sincrónico de cargas en las estructuras generadoras, se observará en el registro EEGráfico una oscilación con una amplitud determinada que se diferencia del resto del trazado ***(Figura***

5). En el caso que periódicamente ocurran salvas aferentes sobre las neuronas corticales, el potencial de campo registrado mostrará una fluctuación sinusoidal, que se postula como el principio fisiológico de la generación de algunos ritmos cerebrales, como el ritmo alpha. (Speckmann, E.J. y Elger, C.E. 1993).

En 1929 Berger describió que el EEG obtenido de individuos humanos, sentados y con los ojos cerrados, presentaba una actividad rítmica prominente centrada alrededor de los 10 Hz (en el rango de 8 a 13 Hz), a la que denominó "ondas de primer orden" o "ritmo α". Este ritmo (8-13 Hz) es probablemente la actividad más importante en el trazado de base del EEG. Clásicamente aparece en períodos de relajación en individuos despiertos. (Steriade, M. 1993). Lopes da Silva y sus colaboradores han sugerido que puede ser obtenido en la corteza visual y en los núcleos talámicos visuales (núcleo pulvinar y núcleo geniculado lateral). Estaría producido por un dipolo centrado a nivel de los cuerpos y las dendritas basales de las neuronas piramidales de las capas IV y V de la corteza cerebral. (Lopes da Silva F.H. y col. 1973 y 1980 Lopes da Silva, F.H. 1993 b, Steriade, M. 1993).

Varios investigadores (Arnolds, D.E. y col. 1979 a-b-c; Holsheimer, J. y col. 1983; Lopes da Silva, F.H. y col. 1990) han observado que el ritmo característico de la corteza hipocampal y de otras áreas corticales límbicas (corteza cingular, corteza entorrinal, corteza del giro dentado y complejo subicular) se encuentra entre los 4-7 Hz, y lo han denominado ritmo theta hipocampal o actividad rítmica lenta (RSA -rhythmic slow activity-). Los dipolos generadores de este ritmo se encuentran en el hipocampo (neuronas piramidales de CA1) y en las neuronas granulares del giro dentado, pero dependen de la integridad de la porción septal del rinencéfalo (núcleo diagonal y en el núcleo septal medial), que actúa como marcapaso del RSA, ejerciendo su acción sobre las células generadoras (Arnolds, D.E. y col. 1979 a; Holsheimer, J. y col. 1983; Lopes da Silva, F.H. y col. 1990) para su normal aparición. Fisiológicamente, la actividad theta ha sido implicada en varias funciones como el procesamiento sensorial, el control voluntario del movimiento (Lopes da Silva, F.H and Kamp, A. 1969), la transmisión de información y la plasticidad neuronal involucrada en los procesos de memoria del hipocampo. (Buzsaky, G. 1996, Kahana, Michael J y col. 2001, Vertes Robert P. y col. 2004)

El tálamo juega un rol preponderante en la generación y la modulación de diferentes ritmos. Se ha determinado que las espigas crecientes y decrecientes que se observan en el EEG de gatos y humanos mientras entran en período de sueño tienen su origen en un sistema de reverberancia, que incluye diferentes proyecciones tálamo-corticales de al menos dos núcleos talámicos hacia las capas corticales. (Steriade, M. and Deschênes, M. 1988; Steriade, M. 1993) También se lo encuentra profundamente relacionado con la génesis del ritmo Delta (Steriade, M. 1993). Algunos autores han propuesto que uno de los generadores del ritmo Beta estaría dado por un sistema difuso de proyecciones celulares con conexiones tálamo-corticales (Gray, C.M, y col. 1989, Steriade, M. 1993). Los investigadores han utilizado el estudio de coherencia cerebral para determinar el acoplamiento de una red neuronal con diferentes sinapsis y proyecciones recíprocas entre la corteza cerebral, el tálamo y otras estructuras encefálicas distantes (núcleos de la región pedúnculo-pontina), que serían las que interaccionan en la génesis este ritmo. (Steriade, M. 1993)

Los husos de sueño se originan por la sincronización de una red talámica que genera una oscilación de 7-14 Hz (husos de sueño u ondas Sigma), característica del estado de sueño ligero (Steriade, M. y Deschênes, M. 1988; Steriade, M. 1993).

Dentro de la actividad normal del EEG puede observarse otro tipo de actividad, caracterizada por la presencia de ondas de corta duración y aparición irregular en el registro, que algunos autores denominan **actividades funcionales.** (Nieto Barrera, M. y Pita Calandre, E. 1993). Están constituídas por eventos transitorios, algunos de clara significación funcional o madurativa y otros de morfología, frecuencia, amplitud y circunstancias de aparición muy diversas. Estos grafoelementos reúnen una serie de características EEGráficas que los definen (frecuencia, topografía, morfología, reactividad y edad de aparición) y se ajustan a una serie de criterios clínicos excluyentes, que incluyen que el paciente sea sano, normal y sin antecedentes de agresión cerebral (Nieto Barrera, M. y Pita Calandre, E. 1993). Pertenecen a este grupo las ondas agudas del vértex, las ondas lentas de 3 Hz, ondas lentas de 4-6 Hz y los complejos K.

Es importante tener conocimiento de estos grafoelementos, ya que los mismos no deben interpretarse como signos de actividad patológica.

Actividad anormal

Un EEG puede ser anormal porque sus ritmos de base sufren modificaciones en la frecuencia y/o amplitud, por la existencia de asimetrías significativas en la actividad de base, por la presencia de alteraciones focales de carácter permanente, o por la aparición de grafoelementos no habituales ni funcionales.

El EEG no permite establecer etiologías. Diferentes noxas pueden causar reacciones eléctricas similares en las neuronas (Delamonica E.A. 1987), dando como resultado un trazado con morfología similar. Aunque muchos grafoelementos son muy sugestivos de determinadas patologías, son excepcionalmente patognomónicos.

Al analizar un EEG patológico, se pueden establecer dos conclusiones generales: a) la presencia de perturbaciones permanentes de la actividad cerebral (que pueden ser focales, multifocales o generalizadas); b) la presencia de alteraciones paroxísticas (que pueden ser focales, multifocales o generalizadas) que aparecen abruptamente durante breves periodos de tiempo sin alterar la actividad de base.

El EEG muestra una gran sensibilidad para detectar anomalías que afectan en forma permanente la actividad de base. Sin embargo, la principal aplicación de la EEGrafía se relaciona al campo de la epileptología. Desde que Gibbs y sus colegas, en 1953, describieron la presencia de descargas con forma de puntas y de ondas agudas en epilepsia, el EEG continúa desempeñando un papel fundamental en su protocolo diagnóstico. La punta interictal sigue siendo un elemento importante en el diagnóstico de la epilepsia, demostrando el estado de hiperexcitabilidad cortical en el estado interictal de los pacientes epilépticos. La presencia de una punta interictal ayuda a confirmar el diagnóstico clínico de epilepsia, contribuye en la definición del síndrome epiléptico, proporciona información que asiste en el planeamiento del manejo de la medicación y colabora en la determinación de los pacientes candidatos a cirugía. (Pillai, J. y Sperling, M.R. 2006)

La ubicación de las puntas interictales se utiliza para localizar el foco epiléptico. Sin embargo, no siempre es posible detectar el sitio exacto donde se origina la crisis epiléptica.

El mecanismo de generación de una punta/onda aguda se produce por la presencia de paroxismos de potenciales de acción durante la despolarización de neuronas corticales. El fenómeno fisiológico intracelular registrado en esos momentos es una despolarización súbita y de gran amplitud (20-40 mV) y duración prolongada (50-200 ms), producida por la excitación sináptica de numerosas células piramidales, en las que se generan paroxismos de potenciales de acción en el pico de la despolarización. Esta secuencia de eventos es conocida como *descarga paroxística despolarizante* ([PDS] del inglés paroxysmal depolarizing shift). Posteriormente a ella sobreviene un período de repolarización e hiperpolarización, a consecuencia de la actividad inhibitoria sináptica y/o la activación de conductancias hiperpolarizantes intrínsecas de la neurona. ***(Figura 6)***

: A) Esquema de un registro
ar conteniendo todos los eventos
que ocurren en la generación de
ıeno EEGráfico de punta/onda. B)
obtenidos de una neurona
los fenómenos de las descargas
rmes que ocurren en los períodos
ɜs. El registro de más abajo
a los fenómenos eléctricos del
:tracelular. El registro medio, los
ɔs eléctricos que ocurren en el
e la neurona. El registro superior
a el registro intracelular
ɜndo en el tiempo los fenómenos
ren en la generación de dichas
.. Debajo del primer registro se
ıdo las salvas despolarizantes para
ɜervar el fenómeno de PDS

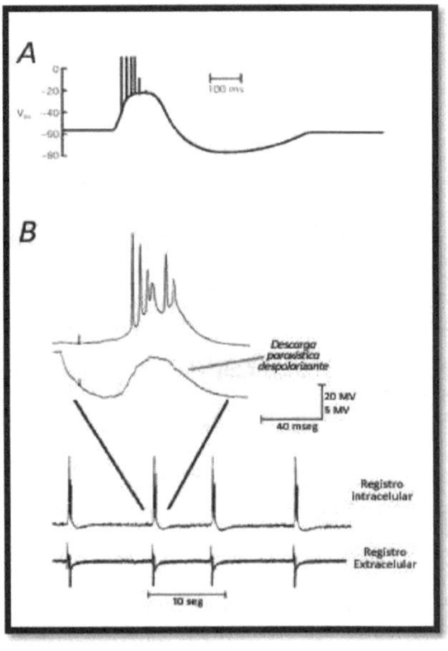

La **punta** consiste en una onda aguda de breve duración (menor a 70 ms) que resalta claramente por su amplitud y morfología de la actividad de base. Suelen ser asimétricas, al ser una de sus ramas más vertical que la otra. Pueden ser generalizadas, hemigeneralizadas o focales. Pueden presentarse aisladas, en salvas breves, en una sucesión rápida de varias puntas (polipuntas) o en forma de muchas puntas sucesivas (puntas múltiples). La **onda aguda** se diferencia de la punta por su duración (habitualmente entre 70 y 200 ms) (Pellegrino, F.C. 2003). Desde el punto de vista clínico no existen razones clínicas para diferenciar una punta de una onda aguda, ya que ellas tienen la misma implicancia y similares orígenes fisiopatológicos. La morfología EEGráfica de cada una refleja la velocidad con la que se sincronizan las neuronas intervinientes y la manera en que descargan a través de la corteza. (Pillai, J. y Sperling M. R. 2006)

2.6. Rendimiento diagnóstico del EEG en Epilepsia

Se entiende por **rendimiento diagnóstico** a la capacidad de detección de puntas u ondas agudas interictales durante la obtención del EEG. Estudios realizados en diferentes centros humanos de epilepsia, han reportado que, en individuos adultos, el primer EEG tiene un rendimiento diagnóstico que varía entre el 29 % y el 55% (Ajmone Marsan, C. y Zivin, L. S. 1970; Pillai, J. y Sperling M. R. 2006; Salinsky, M. y col. 1987) Repetir un segundo EEG con una semana de diferencia adiciona un 20% de detección y un 10% más si se hace privación de sueño. Realizando hasta cuatro EEG de rutina se detectan fenómenos interictales en cerca de 90% de los pacientes (Salinsky, M. y col. 1987).

Los datos en perros son similares. Realizando un único EEG de 20-30 minutos de duración se encuentra que el 33% de los perros epilépticos presenta grafoelementos paroxísticos transitorios (por ejemplo punta, ondas agudas, polipuntas y otros) en el período interictal. (Pellegrino. F.C. y Vidal Figueredo, R.J. 2003.).

2.7. Importancia del EEG en medicina veterinaria

El EEG ha sido utilizado en medicina veterinaria desde el año 1950. Los grafoelementos anormales del EEG en perros han sido descritos en muchos trabajos

(Croft, P.G., 1970 a-b, 1971; Holliday, T. A. y Williams, C. 1999; Holliday, T.A. y col. 1970; Klemm, W. R., 1989, Pellegrino, F.C. 1999; 2000; 2001; 2003).

La incorporación de electrodos especiales temporales a la técnica de registro aumentó ostensiblemente la cobertura cerebral, permitiendo realizar una mejor clasificación de las crisis epilépticas (Pellegrino, F.C. y Sica, R. 2004). Los autores proponen la incorporación de estos electrodos como metodología estándar para la obtención de registros EEGráficos.

La incorporación del EEG al protocolo diagnóstico de la epilepsia ha sido discutida en la comunidad científica veterinaria. La importancia de este instrumento se ha destacado en numerosos trabajos. (Bergamasco, L. y col. 2003, Itamoto, K. y col. 2001, Pellegrino, F.C. 1999; 2000; 2001; 2003; Tourai, K. y col. 1985) Entre las ventajas se menciona que: A) permite realizar un diagnóstico de exclusión discriminando entre epilepsias idiopáticas y epilepsias sintomáticas, ya que en estas últimas suelen observarse alteraciones de grados variables del trazado de base; B) permite clasificar entre epilepsias focales y generalizadas según el sitio anatómico en el que se presentan las alteraciones del trazado; C) ayuda a definir el síndrome epiléptico especifico, que es fundamental en el diagnóstico neurológico.

Pellegrino y col. hacen hincapié en la importancia del EEG para la clasificación del síndrome epiléptico. En relación a los perros con epilepsia idiopática, la principal característica es la ausencia de hallazgos positivos. En este sentido, solo el 33% de los animales presentan alteraciones paroxísticas, mientras que el 67% restante muestra trazados absolutamente normales. (Pellegrino. F.C. y Vidal Figueredo, R.J. 2003).

2.8. Neurométrica y electroencefalograma cuantificado (EEGc)

2.8.1. Definiciones

La neurométrica es la ciencia que se dedica al análisis cuantitativo de la actividad eléctrica cerebral, posibilitando su evaluación estadística. Implica la construcción de una métrica para las funciones neurofisiológicas o sus disfunciones. El EEGc es el resultado de la aplicación del análisis matemático al EEG, que permite analizar numéricamente diferentes variables que componen la señal electroencefalográfica, como por ejemplo frecuencia, voltaje, potencias relativas y absolutas, simetría interhemisférica y otros.

El EEG es un estudio que refleja la actividad eléctrica cortical, que es una consecuencia de las interacciones multifuncionales de diferentes sistemas neuroanatómicos, dependientes de diferentes neurotransmisores. En base a estas consideraciones las desviaciones de la actividad registrada en el EEG indicarían desbalances específicos en las relaciones neuroquímicas que median la comunicación en esos sistemas. Desde este punto de vista, la cuantificación de la actividad eléctrica cerebral podría ser una herramienta útil para evidenciar desbalances subyacentes en muchos disturbios de los procesos cerebrales sensoriales, perceptuales y cognitivos.

Desde los inicios de la EEGrafía los científicos han tratado de identificar el origen de los elementos del trazado EEGráfico. Analizando las características del EEG, Siebert (1959) menciona que los procesos biofísicos que subyacen a la generación del EEG no son procesos de naturaleza aleatoria, como pensaban algunos investigadores en aquel momento, sino que dicha actividad presenta un elevado grado de complejidad en su generación. (Lopes da Silva, F.H. 1993, Siebert, W. M. 1959). Con los años, los investigadores han dilucidado el origen de ciertos ritmos EEGgráficos, mientras que otros aún siguen sin un entendimiento completo. El desarrollo de técnicas matemáticas en el estudio del EEG ha permitido un mejor conocimiento de la señal EEGgráfica y, por tanto, de la actividad eléctrica cerebral, tanto en condiciones fisiológicas como en diversas patologías.

2.8.2. Historia del EEGc

Desde los primeros algoritmos matemáticos aplicados a un trazado, el propósito de cuantificar el EEG fue evaluar objetivamente sus distintos elementos, determinando la proporción de las frecuencias clásicas, ya sea en forma numérica o gráfica. A partir del análisis computarizado fue posible detectar y cuantificar anormalidades en la organización eléctrica cerebral, ponderar la severidad de la enfermedad cerebral e identificar subgrupos de anormalidades fisiopatológicas en grupos de pacientes con síntomas clínicos similares. (Roy John, E. and Prichep, L.S. 1995) Además, fue posible revelar en forma consistente anormalidades en pacientes con deficiencias cognitivas sutiles y, en desórdenes psiquiátricos, monitorear la eficacia de ciertas terapias. (Roy John, E. and Prichep, L.S. 1995) En la actualidad los avances han permitido ir más allá, posibilitando analizar experimentos farmacológicos, trazados EEGráficos de larga duración y EEG de pacientes epilépticos. (Lopes da Silva, F.H. 1993).

Una gran cantidad de científicos han trabajado en la aplicación de distintas técnicas de análisis del EEG. Drietsch (1932), Grass y Gibbs (1938), Blackman y Tukey (1958), Jekins y Watts (1968), y Lopes da Silva (1973) entre otros muchos, aplicaron diferentes análisis matemáticos a los EEG con la finalidad de obtener la mayor cantidad de información de los trazados acerca de la situación funcional de la corteza cerebral (Blackman, R.B. y Tukey, J.W. 1958; Dietsh, G. 1932; Grass, A. M. y Gibbs. F.A. 1938, Jenkins, G.M. y Watts, D.G. 1968). Sin embargo, Cooley y Tukey (1965) merecen especial crédito por la introducción de la Transformada Rápida de Fourier (TRF) como base del análisis del espectro de potencia (Cooley, J.W. y Tukey, J.W. 1965). La TRF es la base matemática del análisis de coherencia cerebral.

En 1977 los doctores Roy John y Robert Thatcher publican el primer texto en el campo de la EEGrafía cuantificada, llamado *"Neurométrica: aplicaciones clínicas de la electroencefalografía cuantificada"* (Roy John, E. 1977). El libro destaca al EEGc como una herramienta que puede tener un gran potencial para estimar en forma precisa el grado de desviación de los valores individuales con los normales, así como la detección temprana de patologías.

El campo de la neurométrica tuvo su gran expansión en los años 90, concomitantemente con el desarrollo tecnológico, transformándose en un método que vincula la computación con el EEG tradicional. Actualmente se lo considera como uno de los estudios no invasivos de importancia para evaluar cuantitativamente la función de la corteza cerebral, distinguiéndola por áreas anatómicas. Se han publicado un gran número de trabajos sobre las utilidades del EEGc, tanto para la evaluación de procesos neuronales superiores (memoria, inteligencia, etc.) (Sarnthein, J. y col. 1998 y 2005; Schack; B. y col. 2002; Thatcher, R.W. y col. 2005) como para el diagnóstico clínico rutinario de las enfermedades del SNC. (Coburn, K.L. y col. 2006; Kai, T. y col. 2005; Koeda, T. y col. 1999; Murias, M. y col. 2007; Nuwer, M.R. y col. 2005; Prichep, L.S. 2007)

2.8.3. *Transformada de Fourier (TF) y transformada rápida de Fourier (TRF)*

Se han desarrollado una gran cantidad de algoritmos matemáticos para analizar el EEG. Entre las diferentes variantes de estudio, el análisis del espectro de frecuencias es uno de los métodos más utilizados.

Para el matemático francés Joseph Fourier (1768- 1830) ***(Figura 8)*** *"... toda señal periódica, sin importar cuán complicada parezca, puede ser reconstruida a partir de sinusoides cuyas frecuencias son múltiplos enteros de una frecuencia fundamental, eligiendo las amplitudes y fases adecuadas..."* **(Figura 9)**

Figura 8: Matemático francés Joseph Fourier (1768-1830)

Clásicamente, la actividad eléctrica cerebral se grafica como una onda sinusoidal cuyas principales características radican en su frecuencia y en su amplitud. Estas ondas eléctricas son la consecuencia de la interacción de los complejos sistemas neuronales que las generaron. La frecuencia original que exhiben dichas ondas no es modificada por los diferentes medios físicos que atraviese, pero si su amplitud, que puede verse modificada por distintos elementos.

Una forma sencilla de comprender el fenómeno que ocurre al aplicar la TRF es la comparación con el espectro luminoso. La luz blanca está compuesta por una serie de frecuencias, fruto de los fotones que la conforman. Podemos imaginar el fenómeno que ocurre cuando la luz blanca atraviesa un prisma, y se separa en sus colores constituyentes. El efecto de la difracción logra dispersar la luz según el ángulo de incidencia y las frecuencias de cada uno de los componentes de la luz blanca. De este modo la luz del sol, al descomponerse, ofrece un espectro de colores que va desde el violeta al rojo.

Figura 9: Según el teorema de Fourier toda señal periódica compleja puede descomponerse (y ser reconstruida) a partir de señales de frecuencias más simples, siempre y cuando se corrijan los desfasajes de fase y las amplitudes.

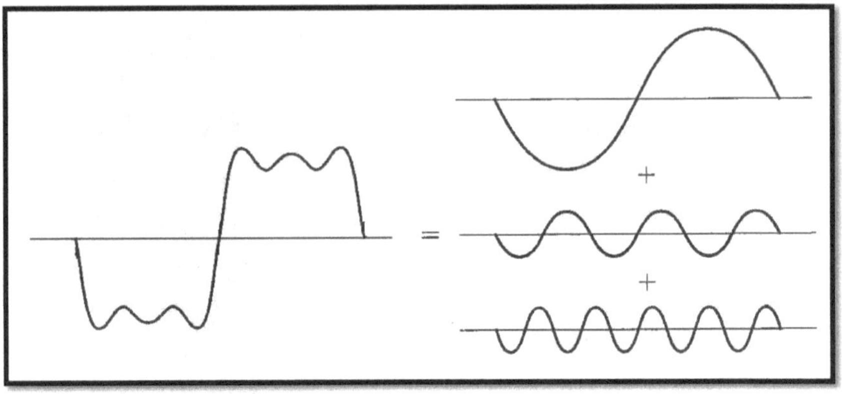

Si entendemos este fenómeno físico y lo analizamos como un algoritmo matemático capaz de discriminar las diferentes ondas constituyentes de la luz en frecuencias o colores, independientemente de cuál sea el instrumento utilizado para separarlas, comprenderemos el proceso de *descomposición de frecuencias de Fourier, integral de Fourier o transformada de Fourier* (TF). Según su teorema, toda señal periódica se puede descomponer en un conjunto de ondas seno y coseno, con su amplitud, fase y frecuencia, que sumadas entre sí reproducen la señal original (Cooley, J.W. y Tukey, J.W. 1965; Urrestarazu, E. e Iriarte, J. 2005) ***(Figura 9)***

La TF ha evolucionado en las últimas décadas como el mejor método de análisis espectral con un gran número de aplicaciones en el campo de la geología (en el estudio de señales sísmicas), la oceanografía (para el estudio de corrientes marinas), física, química, ingeniería y ciencias biológicas. (Davis, S.P. y col. 2001)

La tecnología y la computación permitieron la realización de cálculos más modernos, equivalentes, pero de mayor rapidez en su ejecución, como la Transformada Rápida de Fourier (TRF o FFT [del inglés Fast Fourier Tansform]) desarrollada en 1965. Los programas que realizan esta transformación son simples y eficientes, otorgando seguridad a los datos analizados.

Una de las características de la señal del EEG es, en términos generales, que es impredecible. Esto significa que no se puede predecir la amplitud de un grafoelemento o la duración de una determinada onda. Esta particularidad convierte al EEG en una señal eléctrica con propiedades complejas, caracterizada por cambiar constantemente. Gracias a la aplicación de la TRF es posible descomponer la misma en diversas señales de mayor simplicidad.

Cuando se realiza un análisis de Fourier a una señal temporal, ésta pasa del dominio del tiempo al dominio de las frecuencias. De esta manera, la cantidad de ciclos en que puede descomponerse la señal oscilatoria en un espacio de tiempo de un segundo genera un patrón de frecuencias que, al graficarse en un histograma, determina el espectro frecuencial de cada señal.

El EEG, es una representación gráfica de la diferencia de voltaje entre dos áreas corticales dibujadas en función del tiempo [en el eje de las abscisas indica la amplitud de la señal eléctrica (µV) y en las ordenadas el tiempo (ms)]. Al aplicarle la TRF obtendremos un histograma, en donde las ordenadas representan las diferentes frecuencias, y las abscisas representan la potencia de cada una de las frecuencias que conforman la señal original expresada en μV^2. Es decir, al aplicar la TRF al análisis del EEG pasamos de graficar las variaciones de *amplitud de la señal en el dominio del tiempo*, a representar la *amplitud en el dominio de las frecuencias*. ***(Figura 10)***.

Figura 10: El esquema muestra el registro electroencefalográfico de un perro sano en montaje de referencia común obtenido con referencia nasal (P3-Ref). A la derecha del mismo se observa el espectro de potencia del canal P3 obtenido al aplicar la TRF. En el eje de las ***x*** se grafican las frecuencias y en el eje de las ***y*** se grafica la potencia (μV^2) de cada una de las frecuencias que componen el espectro de las señal original

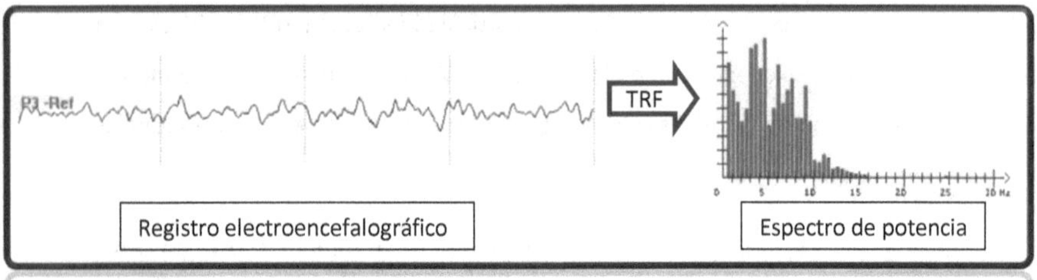

Es importante recordar que para la cuantificación es un requisito indispensable que la señal analógica obtenida durante el registro EEGráfico se digitalice. Para la obtención de una correcta señal *digitalizada es importante evitar* la aparición de artificios, por lo que es necesario realizar el muestreo según determinados parámetros. El *aliasing* es uno de los problemas más frecuentes si la digitalización no se realiza de forma adecuada. La digitalización del EEG se determina en base al teorema de Nyquist, que indica que la frecuencia de muestreo debe ser al menos el doble de la máxima frecuencia presente en la señal analógica (Murer, M.G. y Riquelme, L.A. 1995). De esta forma, si la señal se filtra de tal manera que una frecuencia de 128 Hz es eliminada, la frecuencia de muestreo debe ser de al menos el doble de dicha frecuencia. Para este ejemplo, sería adecuada una frecuencia de muestreo de 256 Hz. Si es menor, o uno desea estudiar una frecuencia mayor, la digitalización sería deficiente e introduciría una frecuencia contaminante (es decir un "alias"). En este caso las frecuencias mayores a 128 Hz serían reconstruidas con un valor frecuencial inferior al real. Este fenómeno se denomina "aliasing", y en EEGrafía, su origen más común es la contaminación con electromiografía (Murer, M.G. y Riquelme, L.A. 1995) ***(Figura 11)***

Figura 11: El esquema muestra una señal originada por computador. Dicha señal presenta un componente de 10 Hz y otro de 25 Hz. A la derecha del mismo se muestran dos trazados; el superior fue digitalizado con una frecuencia de muestreo de 60 Hz; obsérvese como el trazado obtenido es idéntico a la señal original. La imagen inferior representa un trazado obtenido digitalizado con una frecuencia de muestreo de 10Hz. La imagen roja representa a la nueva señal digitalizada (aliasing). La imagen azul muestra la señal original

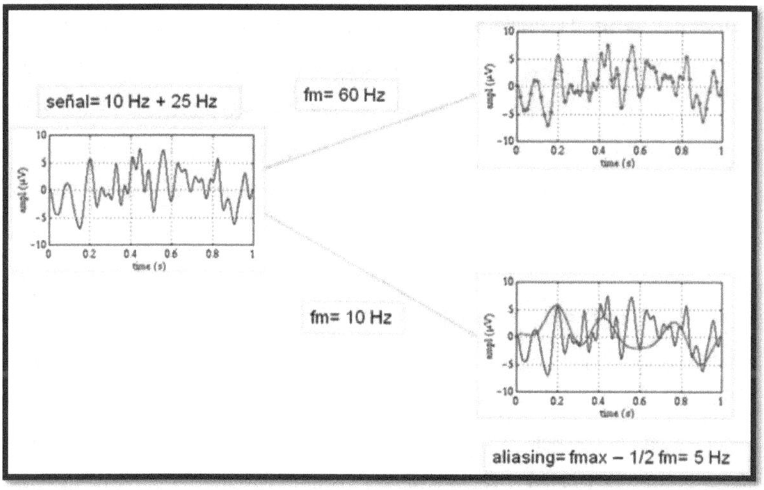

2.8.4. Utilización del EEGc en medicina veterinaria

En medicina veterinaria el EEGc ha sido muy poco desarrollado. Klemm (1968) realizó análisis de intervalos de frecuencia en un grupo de perros y mostró los resultados en forma de histograma, que expresaban el porcentaje de ondas de distinta duración (medidas en mseg) sobre el total de las ondas presentes en el EEG, a partir de 8 canales de registro (Klemm WR. y Hall, C.L. 1968). Takahashi y col. (1986) evaluaron la maduración bioeléctrica de una lechigada de 5 cachorros de raza Beagle, estimando la coherencia inter e intrahemisférica y el espectro de potencia, a partir del registro obtenido con 4 canales (Takahashi, A. e Inada, S. 1986). Ruckebusch (1987) utilizó la estimación del espectro de potencia para la evaluación cuantitativa de la actividad electrocortical del perro en el transcurso del sueño espontáneo y de la narcosis. Para tales fines utilizó dos electrodos en la zona parietal (Ruckebush, Y. y col. 1987.). Moore y col. (1991) realizaron la cuantificación del EEG obtenido de 8 hembras de raza Labrador anestesiadas con isofluorano. El trazado fue obtenido con la colocación de 21 electrodos, mediante una adaptación del sistema Diez-Veinte utilizado en humanos. Los electrodos utilizados fueron agujas de acero inoxidable subdérmicas (Moore, M.P. y col. 1991). Pellegrino (2000) realizó la descripción de la variación en los valores del espectro de potencia por edades en perros. (Pellegrino, F.C. y Shell, L. 2001) Itamoto y col. (2002) utilizaron el EEGc para describir los cambios en la actividad eléctrica producidos por distintas dosis de medetomidina (Itamoto, K. y col. 2001). Bergamasco y col. (2003) cuantificaron los cambios en la actividad cerebral producidos por la administración de Propofol en perros de raza Beagle, analizando la potencia absoluta y relativa y comparando los resultados de la selección de segmentos del trazado del EEG al inicio del estudio, a los 5 minutos de iniciado y dos minutos antes de finalizarlo (Bergamasco, L. y col 2003). Recientemente, Jeserevics y col. (2007) evaluaron la potencia relativa de las bandas Delta, Theta, Alpha y Beta en perros normales y las compararon con 15 perros epilépticos de raza Spitz finlandes (Finnish spitz). Los trazados fueron realizados con 17 electrodos de aguja subdérmica, con un modelo de adaptación del sistema Diez-Veinte de humanos (Jeserevics, J. y col. 2007). En 2008, Wrzosek y col. publicaron un trabajo analizando la potencia relativa y el pico de potencia de las bandas delta, theta, alpha y beta en gatos jóvenes y adultos sedados con medetomidina en dosis de 0.04 mg/kg. (Wrzosek, M. y col. 2009)

Hasta el momento no se ha descrito ninguna aplicación clínica relacionada a la cuantificación del EEG

2.8.5. Coherencia Cerebral

Los análisis matemáticos aplicados a los datos del EEGc pueden ser divididos en dos categorías básicas: métodos paramétricos y métodos no paramétricos. Estos métodos permiten estudiar desde dos caminos diferentes un mismo fenómeno (Lopes da Silva, F.H. 1993).

Entre los métodos no paramétricos, el que más se ha destacado en el análisis del EEG es la aplicación del análisis de coherencia o coeficiente de correlación de Pearson aplicado a la covarianza del análisis de Fourier (Etcheparebordа, M. 1995; Etcheparebordа, M. y col. 1992, 1994; Gotman, J. 1995; Lopes da Silva, F.H. 1993)

A. Definición

Cuando se desea estudiar la similitud entre dos señales del EEG, existe un método estadístico que responde a esta necesidad, que es la covarianza. Si bien este instrumento se utiliza para detectar la semejanza entre dos señales, es dependiente de sus amplitudes. De esta manera, un alto valor de la covarianza podría obtenerse a partir de dos señales no tan similares, pero con grandes amplitudes. Para resolver este problema y hacer independiente la covarianza de la amplitud, se la normaliza dividiéndola por la raíz cuadrada del producto de la varianza de cada una de las señales. La covarianza normalizada se transforma en el coeficiente de correlación, también conocido como "coherencia". Este coeficiente de correlación representa la asociación entre dos mediciones, independientemente de sus amplitudes absolutas. (Etchepareborda, M. y col. 1992; Ferrero, R.G.A. y Ferrero, A.L. 1995). Matemáticamente, la coherencia entre dos electrodos se calcula como:

$$\mathrm{Coh}xy = \frac{[Sxy\,(f\,)]^2}{Sxx\,(f\,) \times Syy\,(f\,)}$$

Donde $Sxy\,(f\,)$ es el área bajo la curva del espectro de potencia a una frecuencia f, $Sxx\,(f\,)$ y $Syy\,(f\,)$ son los espectros de potencia respectivos del canal x y del canal y, a la misma frecuencia. (Kropotov, Juri D. 2009)

El análisis de coherencia evalúa la asociación lineal o la correlación entre los registros obtenidos de dos canales ubicados en diferentes posiciones, independientemente de sus amplitudes. Es decir, analiza la semejanza entre los espectros de frecuencia de dos canales. Se expresa en función de una frecuencia determinada, con valores que pueden variar entre 0 (ninguna correlación) y 1 (correlación total). Informa sobre los componentes frecuenciales comunes a ambos canales, junto con la magnitud de su asociación. El análisis de coherencia ha sido correlacionado con la existencia de generadores comunes y con el grado de interconexión biológica entre las regiones corticales representadas por los canales estudiados. Su representación es en forma de histograma de coherencia en función de los componentes frecuenciales, y se halla asociada a una distribución de fases para las mismas (Etchepareborda, M. 1995; Lopes da Silva, F.H. 1993)

B. Componentes del estudio de coherencia cerebral:

Los elementos de la función de correlación son el *espectro de potencia cruzada* (la expresión de las armónicas que tienen en común ambas señales); el *espectro de coherencia* (que indica la simetría entre las señales) y el *espectro de fase* (una expresión de la sincronía de las señales) (Dumermuth, G. y col. 1972) (Figura 12).

Para estudiar la coherencia entre dos canales, lo primero que se realiza es la determinación de las armónicas comunes a ambos, superponiendo los gráficos de ambos espectros de potencia (espectro de potencia cruzada).

El ***espectro de potencia cruzada*** evalúa la expresión de las armónicas que tienen en común ambas señales, sean las mismas de baja o de alta potencia. Al superponer los espectros de potencia de dos señales se obtiene un gráfico que se denomina espectro de potencia cruzada, en el que se pondera la potencia de cada señal. En consecuencia, de dicho gráfico se pueden obtener dos frecuencias referentes: el *pico de mayor potencia* y el *pico de menor potencia*. El primero es el pico de potencia cruzada (PPC), que es la expresión del punto de máxima coincidencia entre las señales comparadas. Es decir, la armónica en común de mayor potencia (teniendo en cuenta la potencia dominante). La localización del "locus" o pico máximo del componente dominante de potencia cruzada nos permite estudiar el punto de encuentro de las potencias de cada electrodo, y de esta manera observar el comportamiento de las señales en las demás funciones de coherencia. Sin embargo, si los perfiles bioeléctricos de las 2 señales coinciden en armónicas de baja potencia, se producirá un punto de encuentro que no corresponde con el pico de máxima potencia cruzada. ***(Figura 12)***

Figura 12: Análisis de coherencia para el canal 1 (F3) y el canal 2 (F4), mostrando: A) Espectro de fase, B) Espectro de coherencia y C) Espectro de potencia de potencia cruzada. El espectro de potencia cruzada se logra superponiendo los gráficos de los espectros de ambos canales. Se selecciona la armónica en común de mayor potencia - en este caso la barra roja que marca 2.0 Hz.Para esa frecuencia, el valor de coherencia propiamente dicha es de 89.5%, y el desfasaje entre las dos señales es de -8.8º, o, de manera más práctica -12.2 mseg. El signo negativo indica que la señal llegó primero al canal colocado en segundo término, en este caso F4 (frontal derecho = dextroprocedencia)

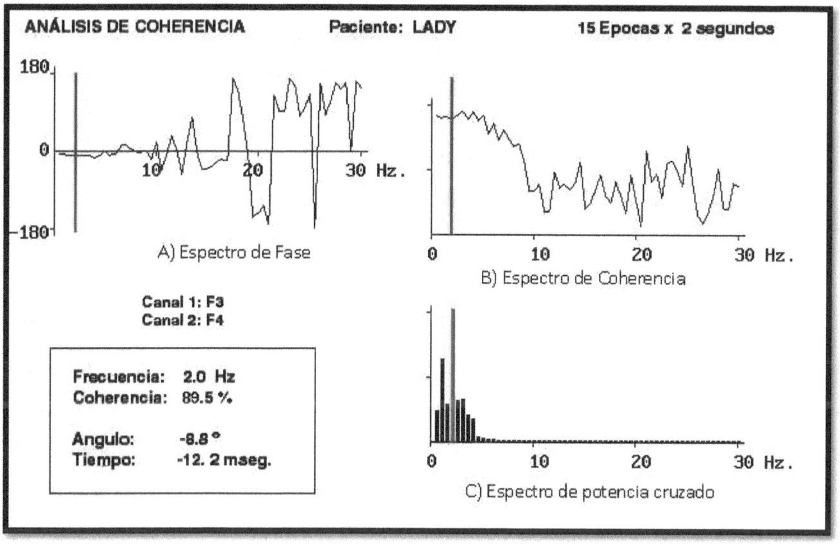

A la frecuencia en la que se detectó el PPC corresponde un determinado valor del espectro de coherencia, que varía entre 0 y 1 (Figura 12). El ***espectro de coherencia*** indica la similitud que existe entre 2 señales estacionarias (épocas) del EEG. Es una medida de su simetría. La presencia de un valor = 1 indica la máxima similitud posible; no obstante, esto sólo ocurre cuando comparamos un canal consigo mismo. En EEGrafía, valores entre 1 y 0,8 expresan *"simetría adecuada"*; valores entre 0,80 y 0,65 expresan *"simetría leve"*; valores entre 0,65 y 0,50 expresan *"asimetría moderada"*; y los valores menores a 0,5 indican *"asimetría marcada"*. (Etchepareborda, M. 1995)

En la práctica valores mayores a 0,6 indican que el generador de un evento en 2 señales diferentes es el mismo.

El análisis del ***espectro de fase*** provee información acerca de la relación temporal entre 2 señales del EEG. El término "fase" representa una noción matemática referida a un período de tiempo de una señal del EEG, obtenida a través de la TRF. Es la expresión de la demora o retraso temporal que existe entre 2 señales, y permite evaluar la sincronía que existe entre ellas. Se expresa a través del valor del ángulo generado por el desplazamiento de una señal sobre la otra. Cuanto mayor sea su valor, mayor es el retraso o demora entre ambas señales, y por lo tanto mayor es la asincronía. Se consideran sincrónicas aquellas señales cuyo ángulo es de 25º (con valor absoluto + o -). Este valor varía de acuerdo a la edad, a la zona evaluada y al estado de vigilia durante la adquisición del EEG (Pellegrino, F.C. 1999 a; Takahashi, A. and Inada, S. 1986; Tourai, K. y col. 1985). El valor del ángulo puede ser transformado matemáticamente para que pueda ser expresado en milisegundos y su interpretación sea más sencilla. El espectro de fase nos indica, para la frecuencia en cuestión, la diferencia temporal entre la llegada de las dos señales a cada canal. Se expresa en grados o, de manera más práctica, en milisegundos. A partir de este elemento puede identificarse la localización anatómica conceptual del generador de la señal o como se distribuye la misma. En general se acepta que el pasaje de señales de un hemisferio a otro a través de fibras comisurales tarda más de 15 mseg. Tiempos mayores sugieren la existencia de un generador focal, y tiempos menores indican la existencia de un generador centroencefálico, común a los canales estudiados (Etchepareborda, M. 1995).

Llamamos precedencia al tiempo de ventaja con que una señal llega a un electrodo respecto del otro. Los valores obtenidos y su interpretación dependen de la organización de la lectura de los electrodos en el software. Por convención, un valor negativo (-) indica *dextroprocedencia*, mientras que un valor positivo (+) indica *levoprocedencia*. También por convención, el término levoprocedencia designa la llegada de la señal en primera instancia al electrodo situado en el hemisferio izquierdo, dando como resultado un ángulo de valor positivo; el término dextroprocedencia indica que la señal llega primero al electrodo situado en el hemisferio derecho, arrojando como resultado un ángulo de valor negativo. (Etchepareborda, M. 1995).

La diferencia en la función de fase entre 2 señales del EEG puede significar que los eventos observados en ellas se generan en un lugar y se trasmiten de un sitio a otro con cierto retraso (Δt, expresado en segundos), manifestado por una diferencia de fase (ΔΦ, expresado en grados) en un rango determinado de frecuencias (Δf, expresado en Hz). En este caso la relación matemática válida entre ellas es:

En un evento epiléptico, para evaluar el retraso a partir de la función de fase entre 2 canales que presentan alta coherencia en un determinado rango de frecuencias, el espectro debe presentar en ese período una relación de fase lineal. De este modo se puede calcular la demora temporal del evento que existe entre dichos canales para ese rango de frecuencias, así como a cuál de ellos llega en primera instancia. De esta manera puede describirse la propagación de un evento paroxístico entre varios pares de canales, permitiendo determinar el punto de origen o foco primario. Si la coherencia es significativa solo en una estrecha banda (alrededor del pico máximo de potencia cruzada) o la relación del espectro de fase no es lineal, es imposible sacar conclusiones en términos de tiempo de retardo (Lopes da Silva, F.H. 1993).

Otra aplicación del análisis del espectro de fase es la determinación de la presencia de reversión de fase instrumental (si el EEG es obtenido en montaje bipolar) entre 2 señales en las bandas de baja frecuencia (por ejemplo de 0 a 3 Hz), cuando se comprueba la existencia de una alta coherencia entre ellas, asociada a un espectro fase de 180° (Lopes da Silva, F.H. 1993).

Actualmente el estudio de coherencia cerebral realizado en base al trazado del EEG se encuentra en fase de evaluación y análisis, pues podría ser un instrumento clínicamente útil y de potenciales aplicaciones prácticas que contribuiría a la caracterización de la señal eléctrica en términos de su origen conceptual y de su sistema de distribución.

C. Antecedentes en la utilización del estudio de coherencia cerebral

Las funciones de coherencia han sido utilizadas en numerosas investigaciones acerca de la generación de las señales del EEG y su relación con las funciones cerebrales, entre las que se destacan los estudios del origen del ritmo Theta hipocampal en estructuras límbicas humanas (Brazier, M.A.B. 1961; Walter, D.O. and Adey, W.R. 1965 a y b), el origen del ritmo Alpha córtico-talámico (Lopes da Silva FH y col. 1973, 1980; Lopes da Silva, F.H. y Storm van Leeuwen, W. 1977), el origen de las ondas con frecuencia de 7-14 Hz en estadíos de sueño en humanos (Dumermuth, G. y col. 1972), el desarrollo del EEG en bebés (Prechtl, H.F.R. y Vos, J.E. 1973) y en cachorros de perros (Pellegrino, F.C. 2000, Senba, H. y col. 1984.), y en niños con trastornos del neurodesarrollo (Etchepareborda, M. y col. 1992) y con síndrome disatencional e hiperactividad (Etchepareborda, M. y col. 1994).

En los últimos años han surgido un gran número de estudios que utilizaron la coherencia como herramienta para comparar estados diferentes de actividad cerebral. Thatcher (Thatcher, R.W. y Col. 2005) ha utilizado este estudio para evaluar la eficiencia neuronal y la posible asociación con la inteligencia en sujetos que realizaban el test de Weschler. También se la utilizó para evaluar la banda de frecuencias Theta en individuos que realizaban un acto motor tratando de agarrar pelotas arrojadas en caída libre (Portella, C.E. y col. 2007). Kai y col. (2005) han utilizado la coherencia cerebral como herramienta neurofisiológica para el diagnóstico diferencial entre la demencia con Cuerpos de Lewy y la enfermedad de Alzheimer (Kai, T. y col. 2005). Especial énfasis se le ha dado al análisis del acoplamiento de fase entre los diferentes ritmos oscilatorios que se observan en los períodos de consolidación de la memoria en humanos (Schack, B. y col. 2002).

El uso de las funciones de coherencia en el análisis rutinario del EEG ha sido bastante limitado hasta el momento. Sus aplicaciones más importantes son: a) la diferenciación de componentes frecuenciales estrechamente relacionados (Storm van Leewen, W. y col. 1978); b) la determinación de las relaciones topográficas entre los diferentes componentes del EEG (Dumermuth, G. y col. 1972); c) la determinación de asimetrías y/o asincronías intra/interhemisféricas, que son muchas veces los únicos índices de anomalías remanentes cuando no se observan componentes paroxísticos. (Pellegrino, F.C. 1999 b); d) la evaluación de la propagación de fenómenos epileptógenos a través del cuerpo calloso (Gotman, J. 2003).

La principal aplicación del análisis de la coherencia cerebral radica en el estudio e interpretación de los ritmos EEGráficos en lo que se refiere a la búsqueda e identificación de sus orígenes y sus generadores.

2.8.6. *Importancia en medicina veterinaria*

En medicina veterinaria se ha propuesto una técnica de registro que incorpora electrodos especiales capaces de registrar la actividad eléctrica proveniente de la corteza prefrontal y del rinencéfalo (Pellegrino, F. y Etchepareborda, M. 1996 y 1997; Pellegrino, F.C. 2000). Al ampliar la cobertura cerebral a regiones más profundas es probable, a través del EEGc, caracterizar la actividad eléctrica de todo el cerebro accediendo a áreas corticales que no se registran mediante la utilización de electrodos subdérmicos.

Esta técnica permitió desarrollar el EEGc en los perros y calcular los valores de coherencia cerebral normal de una región más profunda de la corteza cerebral. También permitió elaborar bases de datos de animales normales en lo que respecta a su espectro de potencia y a la coherencia cerebral inter e intrahemisférica. Esta situación ha modificado y abierto el campo del diagnóstico y la clínica de diversas enfermedades cerebrales de los perros. (Pellegrino, F.C. 2000).

Takahashi, A. e Inada, S. (1986) calcularon los valores de coherencia cerebral inter e intrahemisférica en 5 cachorros de raza Beagle desde el nacimiento hasta las 50 semanas de vida. Los EEG fueron adquiridos sin sedación, con 4 electrodos, durante estadíos de sueño no-rem. (Takahashi, A. e Inada, S. 1986)

Pellegrino (2000) realizó la descripción de los valores de coherencia inter e intrahemisférica en perros sanos desde el nacimiento hasta la adultez. Describió tres períodos bien diferenciados: a) desde el nacimiento hasta los 11 meses de edad; b) de los 12 a los 17 meses de edad, y c) desde los 18 meses en adelante. (Pellegrino, F.C. y Shell, L. 2001). Preobrazhenskaia, L. A. (1991) analizó los valores de coherencia en perros durante experimentos de condicionamiento, trabajando con electrodos que se implantaron en el hipocampo, la corteza frontal, la amígdala y el hipotálamo (Preobrazhenskaia L.A. 1991) o con electrodos que registraban la actividad desde las regiones anteriores (corteza frontal y motora) y las regiones posteriores (corteza visual y auditiva) (Preobrazhenskaya L.A. 2007). No obstante ello, hasta el momento la coherencia cerebral no ha sido asociada con ninguna aplicación clínica.

Hipótesis

3. Hipótesis

La epilepsia es una afección crónica de etiología diversa, caracterizada por crisis recurrentes debidas a una descarga excesiva y sincrónica de las neuronas cerebrales (Gastaut, H. 1973 y 1977). La existencia de este fenómeno eléctrico se relaciona a la presencia de "células marcapaso" identificadas en la corteza cerebral. Estas células son capaces de liderar una descarga interictal en una población neuronal que, en determinadas circunstancias, puede sincronizar grandes grupos de células dando como resultado una crisis convulsiva. (Gastaut, H. 1973, Martin, J.H. 1991, Pellegrino, F.C. 1999 a, Westboock, G.L., 2000,)

Las "células marcapaso" instaladas en la corteza cerebral se constituyen en un generador neuronal patológico con la capacidad de alterar los ritmos electroencefalográficos normales.

En aquellos perros epilépticos idiopáticos que no muestran alteraciones evidentes en el análisis visual del EEG interictal (67 % de los casos) (Pellegrino, F.C. y Vidal Figueredo, R.J. 2003) se deberían poder identificar, mediante el análisis matemático de la señal, alteraciones de la actividad eléctrica de base que no provocan cambios detectables al análisis visual. El análisis de la coherencia cerebral podría utilizarse como una herramienta apropiada para identificar la existencia de alteraciones cuantitativas de la actividad eléctrica de base, que reflejarían profundos cambios en el origen y en el sistema de distribución de la señal. Dichos cambios podrían explicar la capacidad de una descarga focal para sincronizar grandes grupos neuronales.

Objetivos

4. Objetivos

4.1. Objetivos generales:

- ✓ Incorporar el análisis de coherencia cerebral al protocolo de diagnóstico de rutina de la epilepsia idiopática en los perros, verificando su utilidad como instrumento de identificación de generadores neuronales patológicos.

4.2. Objetivos particulares:

- ✓ Analizar si existen diferencias en el análisis de coherencia entre los perros normales y los epilépticos idiopáticos, describiendo los eventuales cambios observados.
- ✓ Estimar un punto de corte para los valores de la coherencia cerebral entre los perros normales y los epilépticos idiopáticos.
- ✓ Analizar, describir y comparar el comportamiento de la coherencia cerebral en perros epilépticos idiopáticos con EEG normales al análisis visual.

Materiales y Método

5.1. Población:

Se registró y analizó la actividad eléctrica de perros sin distinción de sexos ni razas, en base a trabajos que indican que la frecuencia de la actividad eléctrica cerebral es comparable entre distintas razas, aunque el voltaje puede variar (Pellegrino, F. C. 2000). La importancia de trabajar con animales sin distinción de raza y sexo radica en la aplicación de esta técnica como herramienta clínica estándar. La elección de una raza en especial podría producir un sesgo de los datos y dificultaría la generalización de los hallazgos.

Se utilizaron 48 animales mayores de 1 año de edad, 24 de ellos normales al examen físico y neurológico, y sin antecedentes de enfermedad del SN. Los otros 24 con diagnóstico de epilepsia idiopática, que se realizó en base al siguiente criterio: la presencia de crisis cerebrales, que en todos los casos fueron de tipo tónico-clónicas generalizadas, recurrentes y sin signos clínicos interictales.

A todos los perros se les realizó análisis de laboratorio (hemograma, perfil bioquímico sanguíneo, glucemia, uremia, creatininemia, transaminasas en suero, fosfatasa alcalina en suero, determinación de antígenos contra *Toxoplasma gondii* [toxoplasmosis] y *Neospora canis* [neosporosis]) que resultaron dentro de los valores normales. El EEG fue normal en todos los casos.

Los animales epilépticos no estaban recibiendo medicación anticonvulsivante al momento de realizarse el estudio EEGráfico; tuvimos en cuenta que el paciente no presentara crisis epilépticas por lo menos 5 días previos a la realización del estudio.

En todos los casos, durante la adquisición del EEG controlamos el estado de conciencia (nivel de vigilancia). Aunque un período del mismo trazado fue adquirido con el animal en estado de sueño, solo se utilizaron para la cuantificación segmentos seleccionados del trazado EEGráfico con el animal en estado de vigilia.

Fueron excluidos aquellos perros epilépticos cuyos EEG presentaban grafoelementos transitorios o paroxísticos compatibles con actividad epileptiforme interictal. Finalmente, 24 pacientes fueron seleccionados de esta manera (15 machos y 9 Hembras).

En base a estos criterios se formaron dos grupos de trabajo: “Perros sanos” y “Perros epilépticos idiopáticos”. ***(Ver tabla I)***

Tabla I: detalle de los animales utilizados en el estudio. Los mismos se encuentran ordenados según el estado de los animales

Perro N°	*Estado*	*Sexo*	*Raza*	*Edad*
1	Sano	Macho	Mestizo	1 Año y 5 meses
2	Sano	Hembra	Cocker Spaniel	1 Año y 4 meses
3	Sano	Macho	Pointer	6 Años
4	Sano	Hembra	Dogo argentino	1 Año y 6 Meses
5	Sano	Hembra	Yorkshire Terrier	2 Años
6	Sano	Hembra	Mestizo	6 Años y 6 meses
7	Sano	Hembra	Mestizo	3 Años
8	Sano	Macho	Dálmata	5 Años
9	Sano	Macho	Mestizo	13 Años
10	Sano	Hembra	Ovejero Alemán	1 Año
11	Sano	Macho	Beagle	2 Años
12	Sano	Hembra	Caniche Mini	1 Año y 11 meses
13	Sano	Macho	Dobermann	1 Año y 6 meses
14	Sano	Macho	Mestizo	1 Año y 9 meses
15	Sano	Hembra	Siberian Husky	5 Años y 6 meses
16	Sano	Macho	Mestizo	7 Años
17	Sano	Macho	Airedale Terrier	1 Año y 1 mes
18	Sano	Hembra	Cocker Spaniel	1 Año y 9 meses
19	Sano	Hembra	Mestiza	7 años y 6 meses
20	Sano	Hembra	Schnauzer Gigante	1 Año y 8 meses
21	Sano	Hembra	Mestizo	1 Año y 2 meses
22	Sano	Hembra	Ovejero Aleman	4 Años y 5 meses
23	Sano	Macho	Mestizo	3 años y 2 meses
24	Sano	Macho	Mestizo	5 Años
1	Epiléptico idiopático	Hembra	Doberman	4 Años y 7 meses
2	Epiléptico idiopático	Hembra	American Pitt Bull	1 Año y 2 Meses
3	Epiléptico idiopático	Macho	Mestizo	7 Años y 1 Mes
4	Epiléptico idiopático	Macho	Mestizo	4 Años y 6 Meses
5	Epiléptico idiopático	Macho	Dálmata	3 Años y 4 Meses
6	Epiléptico idiopático	Macho	Mastín Napolitano	1 Año y 3 Meses
7	Epiléptico idiopático	Hembra	San Bernardo	3 Años y 7 Meses
8	Epiléptico idiopático	Hembra	Rottweiler	1 Año y 1 Mes
9	Epiléptico idiopático	Macho	Viszla	1 Año y 11 Meses
10	Epiléptico idiopático	Macho	Lhasa Apso	4 Años y 4 Meses
11	Epiléptico idiopático	Macho	Golden	5 Años y 3 Meses
12	Epiléptico idiopático	Macho	Kuvascz	2 Años y 6 Meses
13	Epiléptico idiopático	Macho	Golden	2 Años y 6 Meses
14	Epiléptico idiopático	Hembra	Caniche	3 Años y 7 Meses
15	Epiléptico idiopático	Hembra	Gran Danes	5 Años
16	Epiléptico idiopático	Hembra	Mestiza	1 Año y 10 Meses
17	Epiléptico idiopático	Macho	Golden Retriever	6 Años y 2 Meses
18	Epiléptico idiopático	Macho	Mestizo	5 Años y 6 Meses
19	Epiléptico idiopático	Macho	Mestizo	5 Años y 2 Meses
20	Epiléptico idiopático	Hembra	Beagle	2 Años y 5 Meses
21	Epiléptico idiopático	Hembra	Rottweiler	5 Años y 5 Meses
22	Epiléptico idiopático	Macho	Mestiza	6 Años y 9 Meses
23	Epiléptico idiopático	Macho	Labrador Retiever	5 Años y 7 Meses
24	Epiléptico idiopático	Macho	Ovejero Aleman	1 Años y 5 Meses

5.2. Técnica de adquisición del electroencefalograma

a) ***Electrodos***

Se utilizaron electrodos de aguja de acero inoxidable de aproximadamente 15 mm de longitud, tanto para los de exploración como para los de referencia y los de tierra (Akonic S.A., electrodos de aguja subdérmicos). Este tipo de electrodo atraviesa con facilidad la piel sin contactar con los músculos subyacentes (Kuijper, T. 1995).

Para registrar los locus temporales (T3 y T4) se emplearon agujas monopolares de electromiografía (EMG) (Akonic S.A.) con cubierta aislante de teflón, excepto en su punta. La superficie descubierta es de 4 mm, sobre una longitud total de 350 mm. Este tipo de electrodos permiten atravesar la capa muscular y contactar con el hueso, evitando las interferencias provocadas por la actividad muscular (Pellegrino, F.C. y Sica, R. 2004). La impedancia fue medida previamente a la obtención de los EEGs, y fue similar en todos los electrodos (5 ± 1 kΩ). No encontramos impedancia cruzada o artefactos en registros con montaje bipolar que combinaron electrodos de aguja subdérmicos con los temporales (Pellegrino, F.C. y Sica, R. 2004).

b) ***Equipamiento***

Para obtener los registros EEGráficos se utilizó un programa especialmente diseñado para electroencefalografía computada y reconstrucción por mapeo cerebral (AKONIC BIO- PC versión modificada 7.0), que permite la visualización de diferentes tipos de montajes. El sistema permite promediar y procesar muestras múltiples. Incluye 12 canales simultáneos de registro unidos a una interface analógico-digital y sistema de computación.

El sistema de computación está conformado por una computadora portátil Dell® con un procesador Intel® Pentium® M 1.86 GHz, disco duro Fujitsu MHT2080AH de 80 Gigabytes, monitor Ati Mobility Raedom X300 de 14 pulgadas con una resolución de 1400x1500 pixeles.

Los parámetros técnicos del registro fueron los siguientes: Rechazo de modo común > de 100 db, respuesta de frecuencia de 0,5 a 128 Hz, filtro antialiasing: 36 db/octava, filtro de alta frecuencia (FAF): 12 db/octava, filtro de baja frecuencia (FBF): 6 db/octava, ruido propio < 1 uV, frecuencia de muestreo: 256 s, velocidad del papel: 30

mm/s, impedancia de los electrodos: ≤ 5 kΩ.

c) Restricción de los animales

La restricción de los animales se realizó por medio de xylazina (Rompún, Bayer Argentina S.A.) aplicada por vía subcutanea, basándonos en trabajos previos (Casaglia, D.C. 1995; Celly, C.S. y col. 1997; Albarellos, G. A. 2006, Pellegrino, F.C. and Etcheparebordа, M. 1996) y en nuestra propia experiencia (Pellegrino, F. C. 1999, 2000), en dosis de 1 mg/kg.

La xylazina es un agonista de receptores α2 adrenérgicos (Celly, C.S. y col. 1997, Greene, S.A. and Thurmon, J.C.; 1988, Jarvis, N. and England, G.C.W. 1991) pre y post-sinápticos del SNC y periférico, que presenta actividad sedante, analgésica y relajante muscular (miorelajante). El receptor α2 se encuentra acoplado a un sistema de proteína G_i (inhibitoria de la adenilato ciclasa), por lo que disminuye la concentración de AMPcíclico. También actúa activando canales de potasio e inhibiendo la apertura de canales de calcio, produciendo cambios en el voltaje y la excitación neuronal. De este modo, al actuar sobre los receptores presinápticos, disminuye la liberación de noradrenalina. (Albarellos, G. A. 2006). Sus efectos se ejercen sobre las células noradrenérgicas, que en la corteza cerebral están representadas por la intereuronas. La xylazina no tiene efectos directos sobre las neuronas corticales piramidales (Tourai, K. y col. 1985), que son glutamatérgicas, por lo que no interfiere con su actividad eléctrica norma.

d) Procedimiento

Terminología y posición de los electrodos de registro. La colocación de los electrodos se realizó de acuerdo a estudios y recomendaciones previas (Pellegrino, F. and Etcheparebordа, M. 1997; Pellegrino, F. C.; 1999, 2000 y 2003). Los sitios de colocación de los electrodos se ilustran en la tabla II y en la figura 13.

Registro. El registro básico se efectuó empleando montaje de referencia común, con electrodo de referencia nasal. Es indispensable que el registro original se realice respecto a un electrodo referencial ya que para construir mapas de voltaje, al igual que en cartografía o geografía, todos los puntos (electrodos) deben compararse a una misma referencia (como la cartografía lo hace en referencia al nivel del mar). El tiempo mínimo de registro fue de 30 minutos.

El equipo utilizado permite la reconstrucción automática a montajes bipolares, que posibilita el análisis del trabajo desde diferentes ópticas.

ɔs esquemas muestran la posición de los electrodos en un cráneo de perro). **A-** Vista lateral izquierda ilustrando la posición de los electrodos de registro. :eral del cráneo de un perro, con exposición del hemisferio lateral derecho a posición de los electrodos de registro y el área de proyección cerebral ente a cada uno. **C-** Vista dorsal esquemática del cráneo de un perro (ha sido calota del lado derecho) mostrando la posición de los electrodos de registro y el yección correspondiente a cada uno. La línea punteada indica la proyección electrodo temporal.

S: ***Electrodos***: **Cz** (central *–vertex-*); **F** (frontal); **Fp** (frontopolar); **O** (occipital); **Oz** ntral); **T**: temporal. ***Áreas cerebrales:*** **a** (giro prorreus); **b** (giro precruzado); **c** zado); **d** (giro coronario); **e** (giro ansiforme); **f** (giro compuesto rostral); **g** (giro giro ectosilviano); **i** (giro ectomarginal); **j** (giro marginal); **k** (giro occipital); **l** (giro caudal); **m** (surco cruzado); **n** (surco presilviano) **o** (fisura seudosilviana); **p** orme). ***Referencias anatómicas***: **1** línea temporal; **2** proceso cigomático; **3** arco **4** proceso mastoideo; **5** proceso zigomático del hueso temporal; **6** escama del

ellegrino, F. C. and Sica, R; 2004)

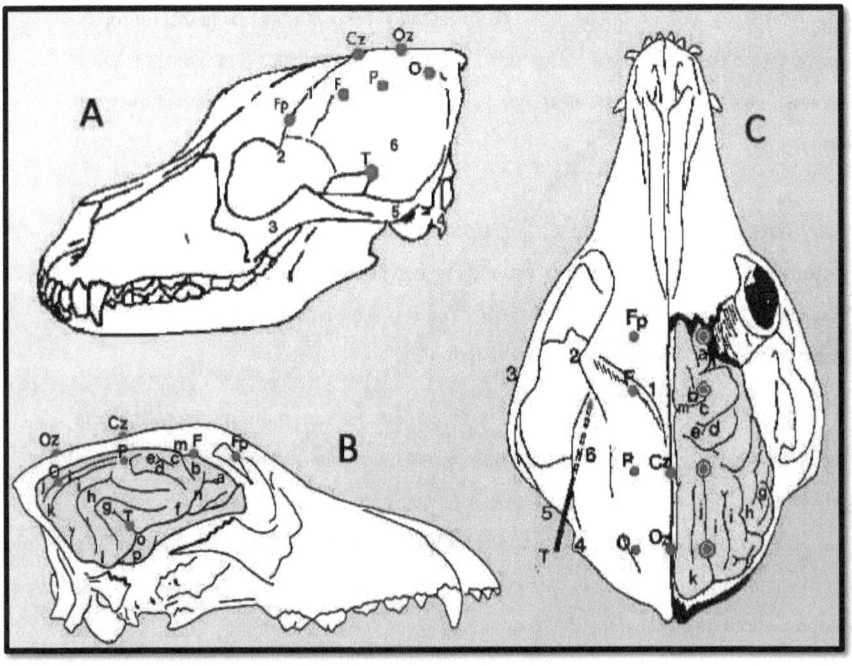

Tabla II: Lugares anatómicos sugeridos para la colocación de electrodos de registro para electroencefalografía en perros (Pellegrino, F. C. and Sica, R; 2004)

Electrodo	Tipo de cabeza		Área de Proyección Cerebral
	Mesocéfalos y dolicocéfalos	**Braquicéfalos**	
Fp	**Plano transversal**: canto lateral del ojo **Plano sagital**: en línea con electrodos frontales	**Plano transversal**: mitad de distancia entre los cantos lateral y medial del ojo **Plano sagital**: en línea con electrodos frontales	**Corteza Frontal** Giro Proreus
F	**Plano transverso**: en craneal de la unión de las líneas temporales en el plano medio, formando la base de un triángulo escaleno (donde las líneas temporales pierden su curvatura) **Plano sagital**: 25 % de distancia entre la línea media y el arco cigomático	**Plano transverso**: línea imaginaria que atraviesa el margen caudal del proceso cigomático del frontal. **Plano sagital**: 25 % de distancia entre la línea media y el arco zigomático	**Corteza Agranular** Giro Precruzado
P	**Plano transverso**: mitad de la distancia existente entre los electrodos frontales y los occipitales **Plano sagital**: en línea con los electrodos frontales		**Corteza Parietal** Porción craneal del giro ectomarginal
O	**Plano transverso**: al nivel del proceso mastoideo, en la base de la parte auricular del hueso temporal **Plano sagital**: en línea con los electrodos frontales y parietales	**Plano transverso**: en el margen caudal de la base de la oreja **Plano sagital**: en línea con los electrodos frontales y parietales	**Corteza Granular (Región Occipital)** Giro marginal/ Giro occipital
T	Haciendo tope en el borde dorsal de la parte caudal del arco cigomático, justo en craneal del comienzo de la cresta temporal. La aguja se introduce en dirección oblicua, hacia la cavidad orbitaria del lado opuesto hasta hacer tope en ventral de la fosa temporal.	Igual que en los mesocefálicos. Cuando se introduce la aguja, la dirección es mucho más oblicua, casi paralela al plano mediano, hasta hacer tope en ventral de la fosa temporal.	**Corteza Granular (Región Temporal)** Fisura seudosilviana
Oz	En la línea media, a nivel de los electrodos occipitales		**Región Occipital** Fisura longitudinal cerebral
Cz	En la línea media, a nivel de los electrodos parietales		**Región Parietal** Fisura longitudinal cerebral

5.3. Análisis matemático

El proceso de cuantificación de la actividad de base en cada animal se dividió en dos etapas:

a) **Selección de las muestras**: Del trazado de base del EEG (en período de vigilia) se seleccionaron al menos 15 segmentos estacionarios de 2 segundos de duración (épocas) libres de artificios. Se seleccionaron solamente los segmentos del trazado libres de artificios.

b) **Análisis espectral**: Luego de la selección se promediaron todas las épocas (Ruckebush, Y. y col. 1987) de manera que se obtuvieran al menos 30 segundos de registro para analizar. Efectuado este paso se procedió a realizar la estimación espectral aplicando a los segmentos seleccionados la TRF. (Etchepareborda, M. y col. 1992) De esta forma el trazado electroencefalográfico queda convertido en un gráfico (gráfico del espectro de potencia), donde los componentes frecuenciales se ordenan en el eje de las abscisas y la potencia de los mismos en las ordenadas. El resultado obtenido es el espectro de potencia de cada canal. En este gráfico, el área bajo la curva constituye la potencia absoluta, que equivale al cuadrado de la amplitud de las ondas. En el gráfico pueden apreciarse fácilmente los componentes frecuenciales de cada canal (y la que presenta la mayor potencia).

   El análisis puede realizarse sobre todo el espectro de frecuencias o sobre alguna banda en particular en busca del componente frecuencial dominante.

5.4. Análisis de la coherencia cerebral

Se realizó el estudio de coherencia cerebral en cada uno de los animales según la siguiente combinación de electrodos:

1. *Análisis de la coherencia interhemisférica:* Con los datos obtenidos a partir del espectro de potencia se realizó en cada animal el análisis de coherencia cerebral para cada par de canales Temporales (T3-T4), Frontopolares (Fp1-Fp2), Frontales (F3-F4), Parietales (P3-P4), Occipitales (O1-O2) (Pellegrino, F. C.; 2000).
2. *Análisis de la coherencia intrahemisférica:* Con los datos obtenidos a partir del espectro de potencia se realizó en cada animal y en cada hemisferio cerebral el análisis de coherencia intrahemisférica para la

siguiente configuración de pares de canales: en la posición dorsal se combinaron los electrodos Occipitales-Parietales (O-P); Occipitales-Frontales (O-F) y Occipitales-Frontopolares (O-Fp); a este conjunto lo denominamos «canales dorsales». En la posición lateral se combinaron los electrodos Frontopolares-Temporales (Fp-T) y Temporales-Occipitales (T-O); a este conjunto lo denominamos «canales halo». (Pellegrino, F. C.; 2000)

Los valores de coherencia se adquirieron de dos maneras distintas.

A) En principio, en cada par de canales se determinaron las armónicas comunes a ambos superponiendo los espectros de potencia de cada canal (espectro de potencia cruzada). Se seleccionó entonces la armónica en común de mayor potencia, que corresponde a una determinada frecuencia (pico de potencia cruzado [PPC] ***(figura 14)***. A esa frecuencia corresponde también un determinado valor de coherencia propiamente dicha (espectro de coherencia), y un determinado espectro de fase. En consecuencia, para cada par de canales se obtuvieron 3 valores: la armónica de mayor potencia (pico de potencia cruzada –PPC-, expresado en Hertz), la coherencia correspondiente a esa frecuencia (que varía entre 0 y 1) y el desfasaje existente entre las 2 señales consideradas (expresado en grados o de manera más práctica, en milisegundos), que indica a qué hemisferio llega primero la señal eléctrica (levo y dextro procedencia).

   Se desecharon los valores de PPC que se encontraban a frecuencias menores a 3 Hz, debido a que se halló que el *"ruido"* generado por el propio sistema de registro introducía actividad en ese rango frecuencial. Se entiende por *"ruido"* a las señales de contaminación electromagnética que recogen los electrodos del equipo de EEGrafía, y que está representado por aquellas señales que nos son generadas por la actividad propia de las neuronas.

Figura 14: Procedimiento seguido para obtener los datos del espectro de coherencia: sobre el margen izquierdo se observan los trazados electroencefalográficos correspondientes a los canales P3 y P4, las flechas que salen de ellos indican la aplicación de la TRF, que resulta en la obtención de los espectros de potencia de cada canal. Al superponer ambos espectros se obtiene el espectro de potencia cruzada, en el que se selecciona la armónica de mayor potencia –PPC- (que en este corresponde a una frecuencia de 5 Hz); para dicho valor de frecuencia el programa calcula el grado de correlación que existe entre las dos señales –espectro de coherencia- (que en este caso es de 0.97), y el desfasaje existente entre las mismas –espectro de fase- (que en este caso es de 3.62 mseg).

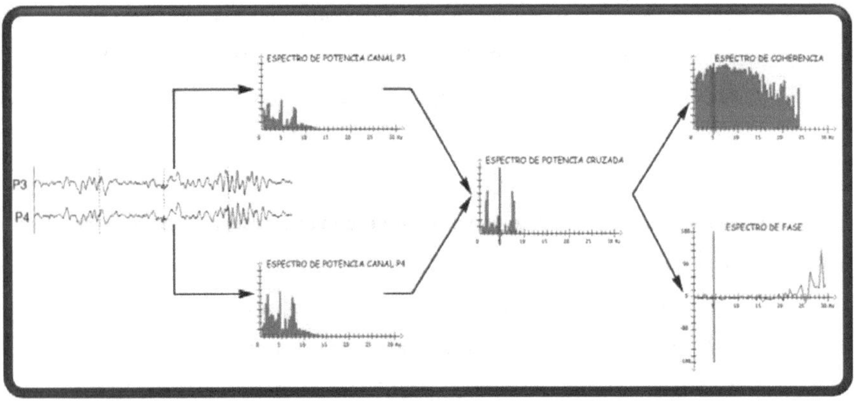

B) En segundo lugar se tomaron los valores de coherencia propiamente dicha en el espectro de frecuencia de las bandas electroencefalográficas theta (4-7 Hz) y alpha (8-13 Hz), obteniendo el valor de la media en cada una de ellas. Se desecharon las frecuencias menores a 4 Hz y mayores 13 Hz debido a la introducción en el registro EEGráfico del *"ruido"* propio que genera el amplificador (Casaglia, D.C. 1995; Pellegrino, F. C. 2000), que afecta a las bandas δ y θ. Para comprobar esto el equipo fue utilizado varias veces registrando una señal proveniente de un objeto inerte (en este caso un sachet de solución fisiológica) y promediando los valores obtenidos. En este tipo de interferencia el espectro de frecuencia abarca toda la onda pasante, con especial énfasis en las bandas lentas (delta) y altas (beta).

El ruido propio de los amplificadores es una variable inherente al equipo utilizado, y se mantiene constante en todos los registros que se obtengan con él, por lo que no constituye un factor de sesgo. Cuando los trazados son hipovoltados, como en el caso de los perros de gran tamaño, estos ruidos adquieren mayor importancia y su proporción es tan alta que enmascara la actividad genuina proveniente de la corteza, ingresando datos inexistentes para las bandas mencionadas, que toman valores netos artificialmente elevados.

5.5. Análisis estadístico

Para analizar el comportamiento que presentaban las variables en estudio y determinar los análisis posteriores se utilizaron las herramientas gráficas caja y bigote (box and whisker Plot) y de ranqueo (rankit Plot), que permiten apreciar la tendencia central y su variabilidad. Dichos gráficos indican que las distribuciones de las variables en estudio son aproximadamente simétricas.

Se utilizó la prueba de Will-Shapiro para corroborar los datos obtenidos de los gráficos; los valores de esta prueba tendientes a 1 confirman que el análisis paramétrico, basado en la normalidad de los datos, es adecuado.

5.5.1. Primera etapa:

En una primera instancia se realizaron los análisis descriptivos correspondientes al comportamiento del estudio de coherencia cerebral en la población de animales sanos, con la finalidad de estandarizar sus valores de referencia. Los estadísticos descriptivos seleccionados para esta instancia fueron la media y el error estándar de la media (ESM).

5.5.2. Segunda Etapa:

Esta segunda etapa incluyó el análisis del comportamiento de las variables en estudio en la población de animales sanos. Para ello se utilizo el análisis de varianza (ADEVA) de un factor para una variable dependiente cuantitativa *(Espectro de frecuencia, espectro de coherencia o espectro de fase)* categorizada por el factor identificado como *canales*. Dicho análisis permitió contrastar la hipótesis nula según la cual las medias de la variable son iguales. Para cada una de las variables se analizó el factor canal, de la siguiente forma:

a) Para el análisis interhemisférico: 24 perros analizados por 5 combinaciones interhemisféricas (Fp1-Fp2, F3-F4, P3-P4, O1-O2, T3-T4) dando un N total de 120 (24 x 5).

b) Para el análisis intrahemisférico: 24 perros analizados por 10 combinaciones interhemisféricas [O-P, O-F, O-Fp, T-O, Fp-T] (5 combinaciones para cada hemisferio) dando un N total de 240 (24 x 10).

   Para la evaluación del comportamiento de los pares de canales de cada hemisferio se realizó una prueba t para muestras relacionadas.

Para evaluar diferencia entre las distintas combinaciones de canales se realizaron pruebas de Tukey para comparación de medias, o contrastes generales.

El nivel de significación en todos los casos fue p≤ 0,05.

5.5.3. Tercera Etapa:

En una tercera instancia se confrontaron los valores obtenidos para los perros sanos y el grupo de perros epilépticos idiopáticos. El modelo utilizado fue de parcelas divididas a dos criterios de clasificación, considerando como criterio principal el ***"estado"*** de los animales (sanos/epilépticos), y como segundo criterio ***la combinación de canales***, considerada como una subunidad dentro de cada animal (por ejemplo: Fp1-Fp2, P3-P4, T3-T4, o O-P, O-T; FP-T, etc.).

Debido a que el tipo de variable estudiada presenta la imposibilidad de aleatorizar los electrodos, se generó dependencia entre las respuestas en las distintas subunidades dentro de cada unidad. Esta situación creó una matriz de variancias y covariancias especial, por lo que el problema se planteó como un modelo de medidas repetidas o parcelas divididas en el tiempo, (Steel R.G.D. and Torrie J.H. 1960) en el que se evaluó el factor estado (sanos/epilépticos) y el factor canal.

El análisis de los datos requería verificar si la matriz de variancias y covariancias de los factores evaluados se distribuía de manera similar entre ellos (supuesto de "esfericidad" [compound symetry]). En los casos en que se verificó el supuesto, los cálculos se realizaron con los grados de libertad correspondientes.

Cuando no se verificó el supuesto, los grados de libertad (para la comparación de las sub-unidades y de la interacción) fueron corregidos con el factor "ε" (Fabrizio M.C. y Garsd A. 1996; Greenhouse S.W. and Geisser S. 1959). Este factor se calculó en primer lugar de la forma más conservadora ($\varepsilon = \frac{1}{s-1}$), donde s corresponde al número de niveles de las subunidades (canales). Dicho factor resulta: $\frac{1}{4}$ = 0.25 para los valores interhemisféricos, y $\frac{1}{9}$ =0.11 para los valores intrahemisféricos (Winer B.J. y col. 1991). Si las "F" obtenidas al corregir los grados de libertad eran significativas, no se realizó el cálculo exacto de "ε". Cuando la "F" no fue significativa, debió calcularse el valor exacto del factor "ε" (Winer B.J. y col. 1991).

Para todos los casos el nivel de significación fijado fue de 0,05 ($p \leq 0{,}05$)

Para analizar las diferencias entre las distintas combinaciones de canales se realizaron contrastes generales. El nivel de significación establecido como significativo en todos los contrastes fue $p \leq 0{,}05$.

Una vez finalizado el análisis de confrontación se procedió a realizar el análisis descriptivo de las diferentes variables para los individuos del grupo de perros epilépticos idiopáticos. Los estadísticos descriptivos seleccionados para esta instancia fueron la media y el error estándar de la media (ESM).

Resultados

6.1. Análisis visual del EEG

6.1.1. Perros sanos

Todos los animales estudiados presentaron EEG sin alteraciones del trazado de base. La característica observada en todos los casos fue la predominancia de actividad theta alternada con períodos de actividad alpha. Al igual que describen otros autores (Pellegrino, F. C. 2000) hemos encontrado que los canales temporales presentan una actividad eléctrica de menor voltaje que los restantes. Los canales Fp también presentan una disminución del voltaje, debido a la presencia del seno frontal interpuesto entre el electrodo y la masa encefálica de la corteza prefrontal.

Aunque para el análisis matemático es un requisito indispensable realizar la evaluación del EEG con un montaje de referencia común, todos los trazados fueron evaluados al menos con un montaje bipolar (circunferencial o cotejado al electrodo del vertex). **(Figura 15)**

Figura 15: electroencefalograma con montaje de referencia común de un perro adulto sano obtenido con un equipo de 12 canales.

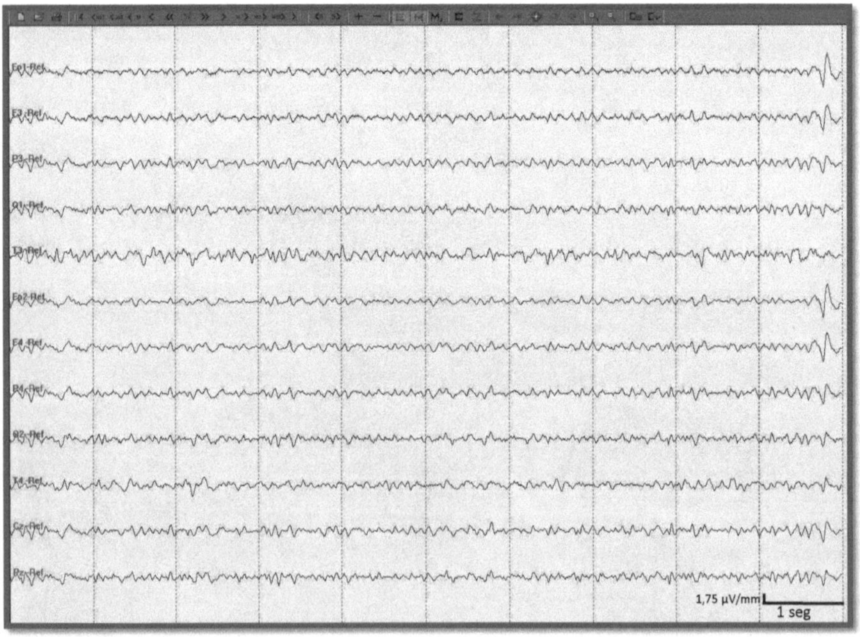

6.1.2. Perros epilépticos idiopáticos

Todos los EEG estudiados presentaron un trazado de base normal; no se apreciaron alteraciones en el voltaje ni patrones de comportamiento de la señal que pudieran diferenciarlo de los trazados obtenidos en los perros sanos.

En todos los casos, al igual que se realizó con los perros sanos, los trazados fueron evaluados con un montaje de referencia común y al menos con un montaje bipolar (circunferencial o cotejado al electrodo del vertex). **(Figura 16 y 17)**

Figura 16: electroencefalograma con montaje de referencia común de un perro adulto epiléptico idiopático obtenido con un equipo de 12 canales.

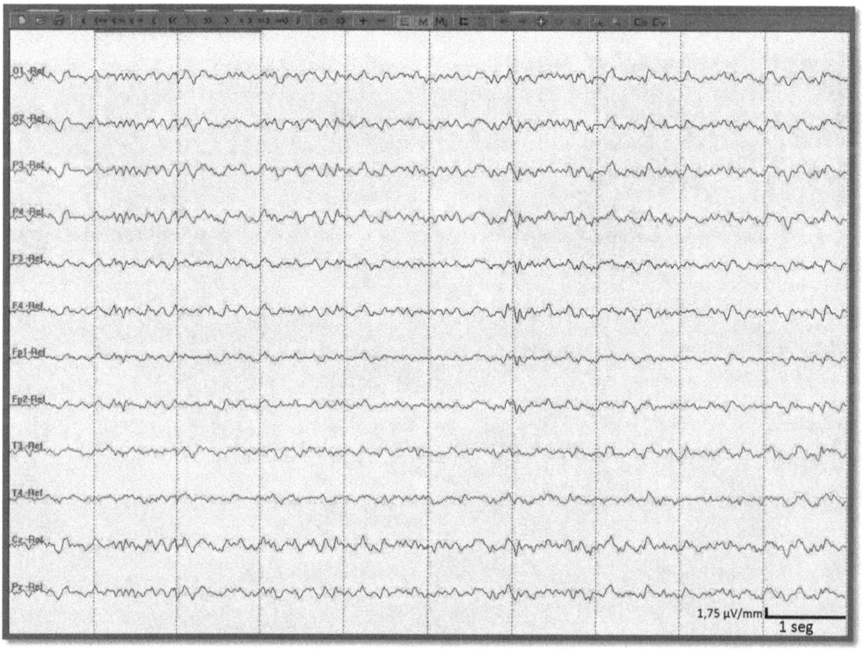

Figura 17: el mismo trazado electroencefalográfico de la figura 16 analizado con montaje bipolar (Parasagital) obtenido con un equipo de 12 canales. Sobre la izquierda puede observarse la combinación de electrodos.

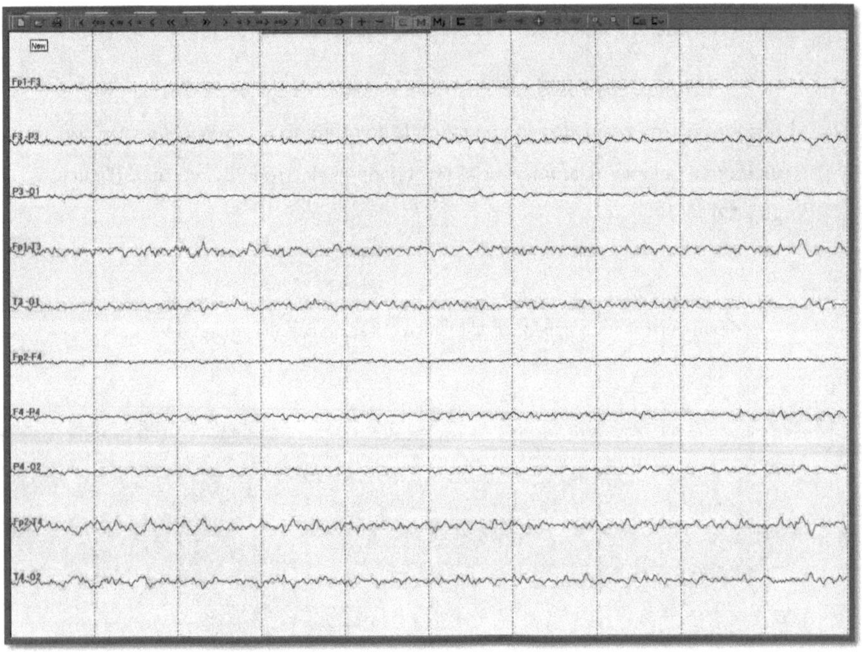

6.2. Análisis cuantificado

6.2.1. Análisis de coherencia interhemisférica en base al pico de potencia cruzado (PPC)

6.2.1.1. *Perros sanos*

Debido a la escasa información acerca de las variables en estudio, en una primera etapa nos propusimos definir y evaluar su comportamiento.

Los valores de las funciones de coherencia interhemisférica para los diferentes canales, obtenidos a partir del cálculo del PPC, se detallan en la **tabla III**.

Tabla III: la tabla muestra los valores de los diferentes elementos de la coherencia cerebral interhemisférica.

Elementos del estudio de coherencia cerebral	Canales				
	O_1-O_2	P_1-P_3	F_3-F_4	Fp_1-Fp_2	T_3-T_4
Pico de potencia cruzado (Hz)	7.83 ± 0.394	7.68 ± 0.384	7.66 ± 0.431	7.31 ± 0.410	5.25 ± 0.308
Espectro de coherencia	0.92 ± 0.013	0.91 ± 0.015	0.92 ± 0.009	0.87 ± 0.023	0.59 ± 0.037
Espectro de fase (ms)	1.17 ± 0.200	1.67 ± 0.360	1.25 ± 0.196	1.00 ± 0.146	13.4± 4.044

Ref.: $\bar{x}$ ± ESM

A) Análisis del espectro de potencia cruzado

Hallamos diferencia significativa entre los distintos pares de canales para la frecuencia a la que se presenta el PPC (F: 7,74; P: <0,001). (**Ver tabla IV**)

Tabla IV: la tabla muestra los valores del análisis de varianza obtenido para el espectro de frecuencia, analizado en los pares de canales interhemisféricos.

Variable estudiada	Efectos	Grados de Libertad	Cuadrado Medio	F	Significación
PPC	Canal	4	27.9552	7.74	<0.001
	Error	115	3.61286		

La comparación de medias de los parámetros evaluados muestra un comportamiento similar entre los pares de canales occipitales (O_1-O_2), parietales (P_1-P_3), frontales (F_3-F_4) y frontopolares (Fp_1-Fp_2), que es significativamente diferente al par de canales temporales (T_3-T_4). En base a estos hallazgos definimos la existencia de dos grupos diferentes de canales: **grupo dorsal** (O-P-F-Fp), y **grupo temporal** (T). (**Gráfico 1 y Tabla V**). El análisis de varianza muestra diferencia significativa entre los canales dorsales y temporales (F: 7,74; p: < 0,001)

Tabla V: Prueba de Tukey para los valores del espectro de frecuencia de $\bar{x}$ del PPC ($\alpha = 0,05$).

CANAL	N	Niveles	
		1	2
T3-T4	24	5,2500	
Fp1-Fp2	24		7,3125
F3-F4	24		7,6667
P3-P4	24		7,8333
O1-O2	24		7,6875

Gráfico 1: El Gráfico de barras muestra los valores de la frecuencia a la que se da la armónica en común de mayor potencia (PPC) para la combinación de canales interhemisféricos. Los canales con media similar se encuentran indicados con letras iguales. Las barras muestran el valor de la media y las líneas el error estándar de la media

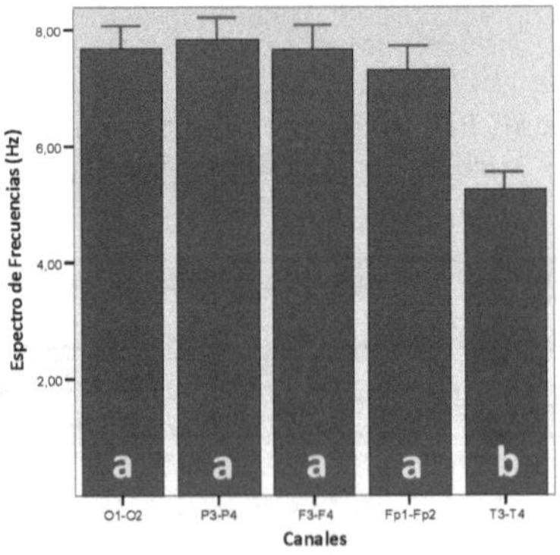

La frecuencia a la que se produce el pico de potencia cruzada (PPC) es menor en los canales T_3-T_4 ($\bar{X}$: 5,25 Hz.) que en el resto, en los que la frecuencia del PPC presenta una media que supera los 7 Hz

B) Análisis del espectro de coherencia

Hallamos diferencia significativa entre los distintos pares de canales (F: 42,42; p: <0,0001). **(Ver tabla VI)**

Tabla VI: la tabla muestra los valores del análisis de varianza obtenido para el espectro de coherencia interhemisférica.

Variable estudiada	Efectos	Grados de Libertad	Cuadrado Medio	F	Significación
Espectro de Coherencia	Canal	4	4957.69	42.42	<0.001
	Error	115	116.870		

La prueba de Tukey para diferencia de medias muestra que los canales temporales presentan valores de coherencia menores que el resto de los canales. Al igual que con el espectro de frecuencia, se identifican 2 grupos de canales diferentes, dorsales y temporales **(ver tabla VII y Gráfico 2).**

Tabla VII: Prueba de Tukey para los valores del espectro de coherencia. Los valores de los niveles corresponden al $\bar{X}$ (α = 0,05).

CANAL	N	Niveles 1	Niveles 2
T3-T4	24	0,59317	
Fp1-Fp2	24		0,87388
P3-P4	24		0,91767
F3-F4	24		0,92425
O1-O2	24		0,92771

Gráfico 2: El Gráfico de barras muestra los valores de coherencia cerebral en la combinación de canales interhemisféricos.

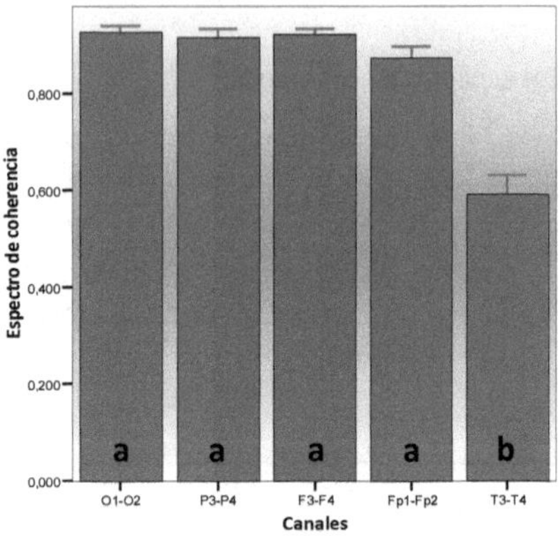

El análisis de varianza muestra diferencia significativa entre los canales dorsales y temporales (F: 42,42; p: <0,001). Los canales con media similar se encuentran indicados con letras. Los canales con media similar se encuentran indicados con letras iguales. Las barras muestran el valor de la media y las líneas el error estándar de la media

Los canales T_3-T_4 presentan un valor medio de coherencia inferior a 0,60, lo que sugiere una asimetría moderada. El resto de canales presenta valores promedio superiores a 0,80, lo que sugiere una simetría adecuada entre ellos.

C) Análisis del espectro de fase

En esta primera etapa se procedió a tomar los valores absolutos del espectro de fase expresados en ms. La precedencia se evaluó en la siguiente etapa. Todos los canales evaluados presentaron valores promedio inferiores a los 15 ms.

No existe evidencia estadística que demuestre la existencia de levo o dextroprecedencia en ninguno de los pares de canales estudiados (z: 0,58 y p: 0,5637).

Hallamos diferencia significativa entre los distintos pares de canales (F: 8,95; p: <0,0001). **(Ver tabla VIII)** El análisis de Tukey para diferencia de medias permite diferenciar, al igual que sucedía con el espectro de frecuencia y de coherencia, dos grupos de canales: dorsal, y temporal. **(Ver tabla IX y gráfico 3)**.

Tabla VIII: la tabla muestra los valores del análisis de varianza obtenido para el espectro de fase, analizado en los pares de canales interhemisféricos.

Variable estudiada	Efectos	Grados de Libertad	Cuadrado Medio	F	Significación
Espectro de Fase	Canal	4	712.718	8.95	<0.001
	Error	115	79.6196		

Tabla IX: Prueba de Tukey para los valores del espectro de fase. Los valores de los niveles corresponden al $\bar{x}$ ($\alpha = 0,05$)

CANAL	N	Niveles	
		1	2
Fp1-Fp2	24	1,0083	
O1-O2	24	1,1708	
F3-F4	24	1,2542	
P3-P4	24	1,6750	
T3-T4	24		13,4500

Gráfico 3: El gráfico de puntos muestra los valores de la media para el espectro de fase en la combinación de canales interhemisféricos.

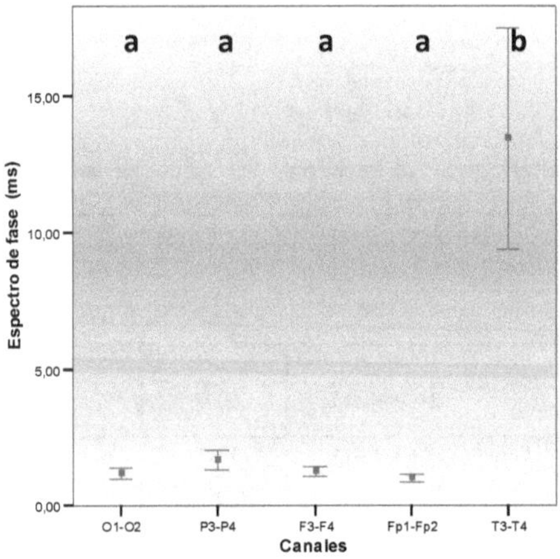

El análisis de varianza muestra diferencia significativa entre los canales dorsales y temporales (F: 8,95; p: < 0,001). Los canales con media similar se encuentran indicados con letras iguales. Las barras muestran el error estándar de la media.

El espectro de fase al igual que los otros elementos de la coherencia interhemisférica, presenta un comportamiento diferente según el par de canales que analicemos: por un lado los ***canales dorsales*** presentan un valor de espectro de fase que ronda los 1,27 ± 0.120 ms. Mientras que los ***canales temporales*** muestran un valor del espectro de fase de 13,44 ms.

El análisis de los tres componentes del estudio de coherencia cerebral nos permite definir dos grupos diferentes de canales. El grupo que hemos llamado ***"dorsal",*** conformado por aquellos electrodos que registran la actividad de la neocorteza dorsal (O-P-F-Fp) y el grupo temporal, conformado por los electrodos T. En la **tabla X** y el **gráfico 4** se muestran los valores $\bar{x}$ de los 3 elementos de ambos grupos de canales.

Tabla X: la tabla resume los valores de la media y el error estándar de la media para los valores de los tres elementos del análisis de coherencia cerebral interhemisférica del grupo dorsal y del grupo temporal.

Elementos del estudio de coherencia cerebral	Agrupación de canales	
	Dorsales	Temporales
PPC (Hz)	7.62 ± 0.200	5.25 ± 0.308
Espectro de coherencia	0.91 ± 0.082	0.59 ± 0.037
Espectro de fase (ms)	1,27 ± 0.120	13.45 ± 4.044

Ref.: $\bar{x}$ ± ESM

Gráfico 4: comportamiento de los canales interhemisféricos obtenido según los valores de ADEVA. A- El gráfico de barras muestra los valores de la frecuencia a la que se da la armónica en común de mayor potencia (PPC). B- El gráfico de barras muestra los valores del espectro de coherencia para el valor en el que ocurre el PPC. C- El gráfico de puntos muestra los valores del espectro de Fase para el valor en el que ocurre el PPC.

Pico de potencia cruzado **A** — ***Espectro de coherencia*** **B** — ***Espectro de fase*** **C**

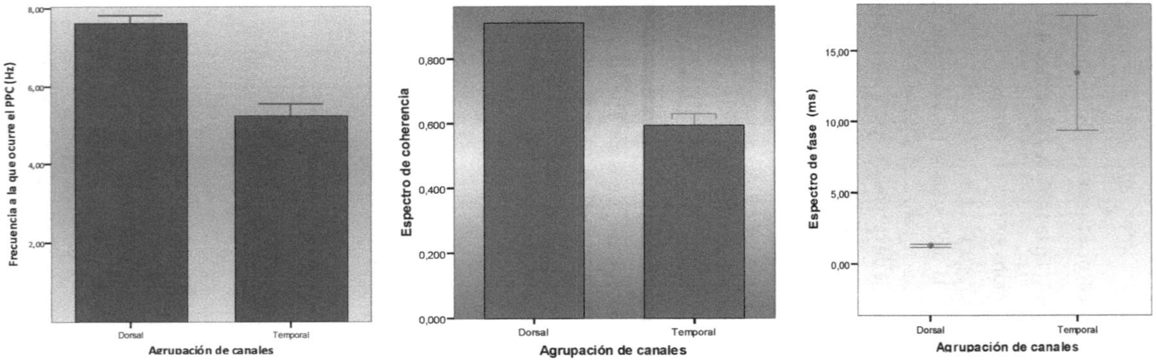

Las barras y los puntos muestran el valor de la media y las líneas el error estándar de la media.

6.2.1.2. *Perro epilépticos idiopáticos*

En la **tabla XI** se presentan los valores para los tres elementos del estudio de coherencia interhemisférica obtenidos de perros epilépticos idiopáticos.

En este grupo de perros, los valores del PPC no superan los 7 Hz en ninguno de los pares de canales. Los valores más altos corresponden a los electrodos occipitales ($\bar{X}$ 6,042 ± 0,476).

Tabla XI: La tabla muestra los valores de la media y el error estándar de la media para los valores de los diferentes elementos del análisis de coherencia cerebral interhemisférica en los perros epilépticos idiopáticos.

Elementos del estudio de coherencia cerebral	Canales				
	O_1-O_2	P_1-P_3	F_3-F_4	Fp_1-Fp_2	T_3-T_4
Pico de potencia cruzado (Hz)	6.042 ± 0.476	5.896 ± 0.469	5.521 ± 0.517	5.146 ± 0.483	4.063 ± 0.287
Espectro de coherencia	0.968 ± 0.010	0.960 ± 0.012	0.913 ± 0.013	0.858 ± 0.027	0.471 ± 0.034
Espectro de fase (ms)	1.152 ± 0.223	1.023 ± 0.277	2.2050.378	2.539 ± 0.705	21.68± 4.755

Ref.: $\bar{X}$ ± ESM

6.2.1.3. *Comparación de perros sanos Vs perros epilépticos*

A) Análisis del espectro de potencia cruzado:

El análisis de varianza aplicado a ambos grupos de perros indica la presencia de efecto estado (F: 11,87; p:<0,001) y efecto canal (F: 20,48; p:<0,001). No se verifican interacciones (F: 0,93; p: 0,404).

Efecto estado: Hallamos que el valor de la frecuencia a la que aparece el PPC es menor en los animales epilépticos idiopáticos ($\bar{X}$ 5,33 ± 0,37 Hz) que en los animales sanos ($\bar{X}$ 7,15 ± 0,37 Hz). **(Ver tabla XII)**

Efecto canal: Hallamos que la frecuencia a la que ocurre el PPC es más baja en los canales T_3-T_4 en el resto de los canales. **(Ver tabla XIII y gráfico 5)**.

Tabla XII: la tabla muestra los valores del análisis de varianza obtenido para la frecuencia a la que se da la armónica en común de mayor potencia (PPC) en los grupos de perros sanos y epilépticos idiopáticos.

Efectos estudiados		Grados de Libertad	Cuadrado Medio	F	Significación.
CANAL	Esfericidad asumida	4	41.092	20.485	<0.000
	Épsilon	2.263	72.619	20.485	<0.000
ESTADO		1	39.603	11.876	<0.001
CANAL * ESTADO	Esfericidad asumida	4	1.884	0.939	0.443
	Épsilon	2.263	3.329	0.939	0.404
Error(CANAL)	Esfericidad asumida	184	2.006		
	Épsilon	104.118	3.545		

El ADEVA para la comparación de medias del PPC se realizó teniendo en cuenta los valores de grados de libertad correspondientes, y se calculó además con la corrección dada por el valor de ε= 0,566.

Tabla XIII: la tabla muestra los valores obtenidos para los contrastes generales de la frecuencia a la que se da la armónica en común de mayor potencia (PPC)

Efecto	Contrastes	F	Significación
CANAL * ESTADO	T_3-T_4 Vs Dorsales	11.87	<0.001
	O_1-O_2 Vs P_3-P_4	0.0001	1.000
	O_1-O_2 Vs F_3-F_4	0.688	0.411
	O_1-O_2 Vs Fp_1-Fp_2	0.467.	0.498

Gráfico 5: El Gráfico de barras muestra los valores de la frecuencia a la que se da la armónica en común de mayor potencia (PPC) para la combinación de canales interhemisféricos en perros sanos y epilépticos idiopáticos.

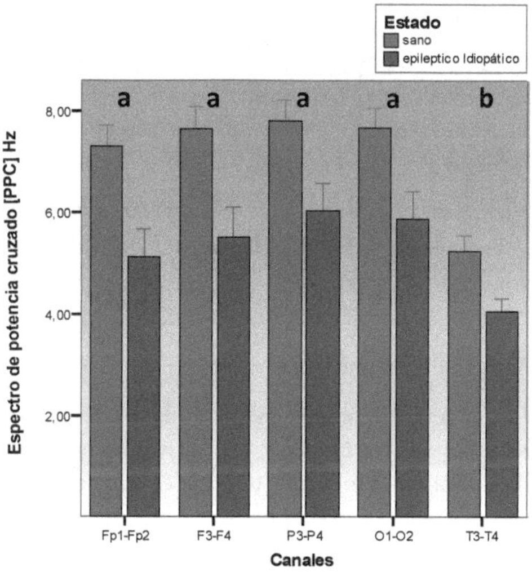

Las barras indican la media y las líneas el error estándar de la media. El análisis de varianza muestra diferencia significativa entre estados (f: 11,87; p: < 0,001) y entre los canales dorsales y temporales (f: 20,48; p: < 0,001). Las letras indican grupos de canales con medias similares en cada grupo de perros.

Esto en forma práctica nos indica que en ambos grupos de perros (sanos y epilépticos idiopáticos) el PPC de los canales temporales presenta valores inferiores a los de los canales dorsales. Sin embarro en ambos grupos de perros el valor del PPC para los canales T se encuentra dentro del valor establecido para la banda electroencefalográfica theta (4-7 Hz).

B) Análisis del espectro de coherencia:

El análisis de varianza indica la presencia de interacción estado *x* canal (F: 7,36; P: 0,001). **(Ver tabla XIV)**

Tabla XIV: la tabla muestra los valores del análisis de varianza obtenido para el espectro de coherencia.

Efectos estudiados		Grados de Libertad	Cuadrado Medio	F	Significación.
CANAL	Esfericidad asumida	4	14776.138	203.127	<0.001
	Épsilon	1.932	30587.611	203.127	<0.001
ESTADO		1	20.254	0.354	0.555
CANAL * ESTADO	Esfericidad asumida	4	535.650	7.364	<0.001
	Épsilon	1.932	1108.831	7.364	<0.001
Error(CANAL)	Esfericidad asumida	13384.785	184		
	Épsilon	13384.785	88.886		

El ADEVA para la comparación de medias de la coherencia se realizó teniendo en cuenta los valores de grados de libertad correspondientes y se calculó además el valor con la corrección dada por el valor de ε= 0,483.

La interacción se da por las diferencias que se encuentran en dos niveles **(Ver tabla XV)**: ***a)*** los canales T_3-T_4 (F: 12,689; P: 0,001) en los animales epilépticos ($\bar{X}$ 0,47 ± 0,15) presentan un valor de coherencia menor que en los sanos ($\bar{X}$ 0,59 ± 0,18), ***b)*** Los canales O_1-O_2 (F: 9,12; P: 0,004) y P_3-P_4 (F: 12,054; P: 0,001), presentan un valor del espectro de coherencia más alto en los perros epilépticos. **(Ver tabla XVI y gráfico 6)**

Tabla XV: la tabla muestra los valores obtenidos para los contrastes generales del espectro de coherencia

Efecto	Contrastes	F	Significación
CANAL * ESTADO	T_3-$T_4{}^{sanos}$ Vs T_3-$T_4{}^{epileptico}$	12.689	<0.001
	O_1-$O_2{}^{sanos}$ Vs O_1-$O_2{}^{epileptico}$	9.12	0.004
	P_3-$P_4{}^{sanos}$ Vs P_3-$P_4{}^{epileptico}$	12.054	0.001

Tabla XVI: La tabla muestra los valores de la media y el error estándar de la media para los valores de coherencia cerebral de los canales **O_1-O_2, P_3-P_4** y **T_3-T_4** en los caninos sanos y los caninos epilépticos idiopáticos. Nótese el aumento de la coherencia en los canales dorsales caninos epilépticos idiopáticos, mientras que disminuye en los canales T

Canales	O_1-O_2	P_3-P_4	T_1-T_3
Perros sanos	0.92 ± 0.06	0.91 ± 0.07	0.59 ± 0.03
Perros epilépticos	0.96 ± 0.02	0.96 ± 0.03	0.47 ± 0.03

Ref.: $\bar{x}$ ± ESM

Gráfico 6: El Gráfico de barras muestra los valores del espectro de coherencia cerebral para la combinación de canales interhemisféricos en perros sanos y caninos epilépticos idiopáticos.

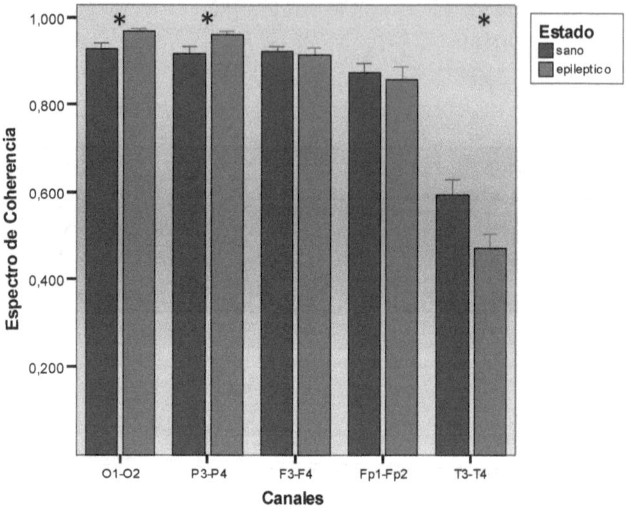

Las barras indican el valor de la media para el espectro de coherencia interhemisférico, y las líneas el error estándar de la media. El test de ADEVA indica la existencia de interacción (f: 7,36; p: < 0,001). Los asteriscos indican los sitios donde se produce la interacción

A manera de conclusión de este análisis podemos decir que en los perros epilépticos idiopáticos se observa un valor de hipocoherencia en los canales T respecto del valor en los perros sanos, mientras que en los canales O_1-O_2 y P_3-P_4 se observa un estado de hipercoherencia en los perros epilépticos idiopáticos respecto de los perros sanos.

C) Análisis del espectro de fase:

El análisis estadístico demuestra que existe *efecto canal* (F: 23,085; p: <0,001). No se observaron interacciones (F: 1,275; p: 0,266) ni efecto estado, por lo que no hay diferencias entre ambos grupos de animales estudiados (F: 1,445; p: 0,235). El promedio en los perros sanos es de 3,71 ± 1,3 ms. y en los perros epilépticos es de 5,59 ± 1,3 ms. **(Ver tabla XVII y gráfico 9)**

Tabla XVII: la tabla muestra los valores del análisis de varianza obtenido para el espectro de fase.

Efectos estudiados		Grados de Libertad	Cuadrado Medio	F	Significación.
CANAL	Esfericidad asumida	4	2386.218	23.085	<0.001
	Épsilon	1.040	9174.870	23.085	<0.001
ESTADO		1	42.661	1.445	0.235
CANAL * ESTADO	Esfericidad asumida	4	131.769	1.275	0.282
	Épsilon	1.040	506.646	1.275	0.266
Error(CANAL)	Esfericidad asumida	184	103.368		
	Épsilon	47.855	397.446		

El ADEVA para la comparación de medias del espectro de fase se realizó teniendo en cuenta los valores de grados de libertad correspondientes y se calculó además con la corrección dada por el valor de ε= 0,260.

Efecto canal: Los contrastes realizados demostraron que, al igual que en los animales sanos, el espectro de fase en los canales temporales presenta valores mayores que en los demás canales. **(Ver tabla XVIII y gráfico 7)**

Tabla XVIII: la tabla muestra los valores obtenidos para los contrastes generales del espectro de fase de la señal a la frecuencia que ocurre el PPC

Efecto	Contrastes	F	Significación
CANAL	T_3-T_4 Vs O_1-O_2	23.936	< 0.001
	T_3-T_4 Vs P_3-P_4	22.691	< 0.001
	T_3-T_4 Vs F_3-F_4	22.655	< 0.001
	T_3-T_4 Vs Fp_1-Fp_2	24.895	< 0.001

Gráfico 7: El Gráfico de puntos muestra los valores del espectro de fase para la combinación de canales interhemisféricos en perros sanos y perros epilépticos idiopáticos.

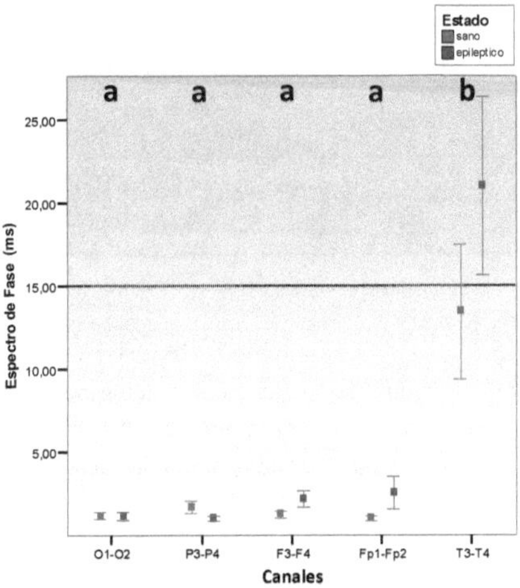

Los puntos indican el valor de la media y las líneas el valor del error estándar de la media. El test de ADEVA indica que no existe diferencia entre estados (F: 1,44; p: 0,235). Las letras indican grupos de canales con medias similares en los canales para ambos estados (F: 23,08; p: <0,001)

Los valores que resumen la comparación del estudio de coherencia cerebral entre los perros sanos y los perros epilépticos idiopáticos, se detallan en la **tabla XIX** y el **gráfico 8**.

Tabla XX: La tabla resume los valores obtenidos para perros sanos y los perros epilépticos idiopáticos agrupados según el comportamiento obtenidos por ADEVA.

		Perros sanos			Perros epilépticos idiopáticos		
		PPC (Hz)	Espectro de coherencia	Espectro de fase (ms)	PPC (Hz)	Espectro de coherencia	Espectro de fase (ms)
Canales	Dorsales	7.62 ± 0.20	0.91 ± 0.08	1.27 ± 0.12	5.65 ± 0.55	**O_2-O_4:** 0.96 ± 0.05 **P_3-P_4:** 0.96 ± 0.07 **(Fp_1-Fp_3 +F_2-F_4):** 0.88 ± 0.20	1.72 ± 0.47
	Temporales	5.25 ± 0.30	0.59 ± 0.03	13.45 ± 4.04	4.06 ± 0.26	0.47 ± 0.35	21.68 ± 4.37

Ref.: $\bar{x}$ ± ESM

Gráfico 8: comportamiento de los canales interhemisféricos, obtenido según los valores de ADEVA para perros sanos y epilépticos idiopáticos. A- El gráfico de barras muestra los valores de la frecuencia a la que se da la armónica en común de mayor potencia (PPC). B- El gráfico de barras muestra los valores del espectro de coherencia para el valor en el que ocurre el PPC. C- El gráfico de puntos muestra los valores del espectro de Fase para el valor en el que ocurre el PPC.

Pico de potencia cruzado ***Espectro de coherencia*** ***Espectro de fase***

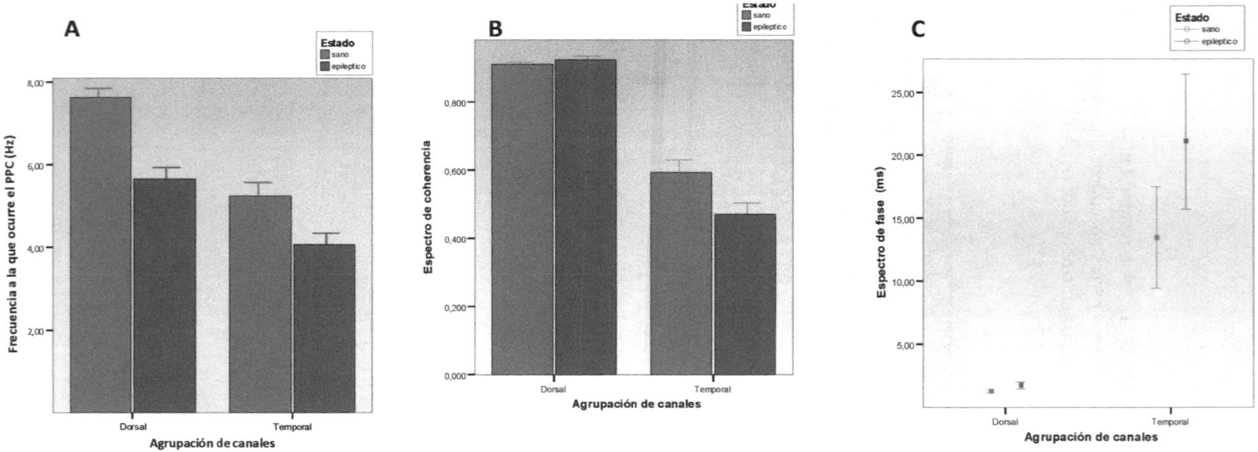

Las barras y los puntos muestran el valor de la media y las líneas el error estándar de la media.

6.2.2. Análisis de coherencia interhemisférica por banda electroencefalográfica

6.2.2.1. *Perros sanos*

Teniendo en cuenta los hallazgos observados durante la adquisición de datos a partir del PPC en perros sanos, se decidió realizar la cuantificación de las bandas de coherencia, focalizando el análisis en las bandas alpha y theta.

Debido a la falta de datos en medicina veterinaria sobre el comportamiento de la coherencia por bandas, realizamos en primer lugar un análisis descriptivo de la variable en estudio. **(Ver tabla XX)**

Tabla XX: La tabla muestra los valores promedio de las bandas electroencefalográficas alpha y theta obtenidos para perros sanos.

Coherencia de la banda electroencefalográfica	Canales				
	O_1-O_2	P_3-P_4	F_3-F_4	Fp_1-Fp_2	T_3-T_4
Banda Alpha	0.860 ± 0.014	0.862 ± 0.017	0.855 ± 0.017	0.792 ± 0.025	0.375 ± 0.031
Banda Theta	0.896 ± 0.089	0.848 ± 0.070	0.857 ± 0.059	0.800 ± 0.024	0.441 ± 0.036

Ref.: $\bar{x}$ ± ESM

El análisis estadístico de la coherencia por bandas solo muestra que existe *efecto canal* (F: 133,91; p:<0,001). No hay efecto banda (F: 1,67; p: 0,197), ni interacciones (F: 8,86; p: 0,489) **(ver tabla XXI)**

Tabla XXI: la tabla muestra los valores del análisis de varianza obtenido para el promedio del espectro de coherencia de las bandas electroencefalográfica alpha y theta.

Efecto	Grados de Libertad	Cuadrado Medio	F	Significación.
CANALES	4	1.88412	133,91	0.001
BANDA	1	0.02348	1.67	0.1977
CANALES * BANDA	4	0.01214	0.86	0.4890
Error (CANALES)	230	0.01407		

Efecto canal: La prueba de Tukey para diferencia de media muestra que la coherencia es elevada a nivel de los canales O, P y F, los cuales no presentan diferencias entre ellos. Es ligeramente inferior en los canales Fp, y notoriamente más baja en los canales T, en los cuales los valores indican la presencia de asimetría significativa. **(Ver tabla XXII y gráfico 9)**. Los valores promedio para las agrupaciones se muestran en la **tabla XXIII**

Tabla XXII: Prueba de Tukey para los valores del espectro de las bandas de coherencia.

Agrupación de Canales	N	Niveles		
		1	2	3
T3-T4	48	0,408		
Fp1-Fp2	48		0,795	
P3-P4	48			0,854
F3-F4	48			0,855
O1-O2	48			0,877

Los valores de los niveles corresponden al $\bar{X}$. Alpha = 0,05

Gráfico 9: El Gráfico de barras muestra los valores del espectro de coherencia cerebral discriminado por banda electroencefalográfica y canal interhemisférico en perros sanos.

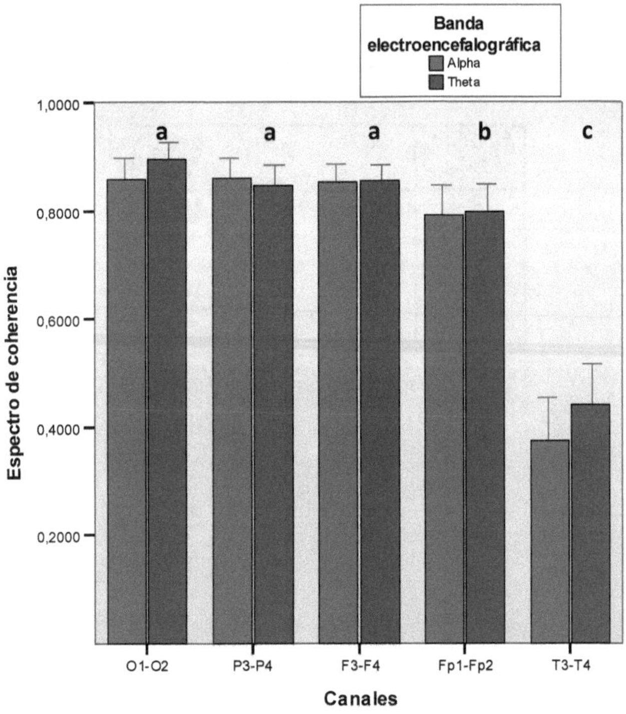

Las barras muestran la media y las líneas el error estándar de la media. El test de ADEVA indica la existencia de diferencias significativas entre canales (F: 133,91; p: 0,001); no hay diferencias significativas entre bandas (F: 1,67; p: 0,19). Las letras indican grupos con diferencias significativas

Tabla XXIII: La tabla muestra los valores promedio de las bandas electroencefalográficas obtenidos para perros sanos agrupados por comportamiento según ADEVA.

Banda electroencefalográfica	Canales		
	O_1-O_2 / P_3-P_4 / F_3-F_4	Fp_1-Fp_2	T_3-T_4
Banda Alpha	0.858 ± 0.010	0.792 ± 0.025	0.375 ± 0.031
Banda Theta	0.867 ± 0.096	0.800 ± 0.024	0.441 ± 0.036

Ref.: $\bar{x}$ ± ESM

Efecto banda: No hemos encontrado diferencias significativas entre las bandas. En la **tabla XXIV** se presentan los valores promedio para ambas bandas sin discriminar por canales

Tabla XXIV: La tabla resume los valores obtenidos para las bandas electroencefalográfica estudiadas en los caninos sanos. No hay diferencias significativas según ADEVA (F: 0,01; p: 0,91).

Banda electroencefalográfica	Media	Error estándar	Intervalo de confianza 95%I	
			Límite Menor	Límite mayor
Alpha	0,749	0,011	0,727	0,770
Theta	0,768	0,011	0,747	0,790

En la **tabla XX** puede observarse que los canales dorsales (O_1-O_2; P_3-P_4; F_3-F_4; Fp_1-Fp_2) presentan para ambas bandas de frecuencia un valor por encima de 0.6. Los canales O-P-F en particular presentan valores que superan 0,85, lo que indica simetría adecuada entre las señales analizadas.

Los canales T presentan un valor inferior a 0,60 tanto para la banda Alpha como para la banda Theta, lo que estaría indicando asimetría marcada de la señal obtenida a nivel del las áreas temporales.

6.2.2.2. *Perros epilépticos idiopáticos*

En la **tabla XXV** se observan los valores obtenidos para las bandas Alpha y Theta en los perros epilépticos.

Tabla XXV: La tabla muestra los valores promedio de las bandas electroencefalográficas obtenidos para perros epilépticos idiopáticos.

Banda electroencefalográfica	Canales				
	O_1-O_2	P_3-P_4	F_3-F_4	Fp_1-Fp_2	T_3-T_4
Banda Alpha	0.914 ± 0.010	0.908 ± 0.020	0.845 ± 0.024	0.782 ± 0.029	0.262 ± 0.017
Banda Theta	0.949 ± 0.004	0.944 ± 0.050	0.882 ± 0.011	0.837 ± 0.020	0.317± 0.026

Ref.: $\bar{x}$ ± ESM

Los canales dorsales presentan valores de coherencia que se encuentran por encima del valor 0,6. Al igual que en los perros sanos los canales O1-O2; P3-P4 y F3-F4 presentan valores mayores de 0,80, que indican simetría adecuada de las señales evaluadas.

En el caso de los canales temporales los valores de coherencia obtenidos para ambas bandas frecuenciales se encuentran muy por debajo de 0,5, lo que indica asimetría marcada entre las señales obtenidas de las áreas temporales.

6.2.2.3. Comparación de perros sanos Vs Perros epilépticos idiopáticos

En el análisis de coherencia por banda electroencefalográfica no hemos encontrado significación en la interacción entre estado x banda x canal (F: 0,767; p: 0,474), tampoco entre estado x banda (F: 0,545; p: 0,462) o en canal x banda (F: 1,365; p: 0,258). Solo hallamos significación en la interacción estado x canal (F: 21,072; p: <0,001). **(Ver tabla XXVI)**

Tabla XXVI: la tabla muestra los valores del análisis de varianza obtenido para el promedio de las bandas electroencefalográficas para canales interhemisféricos

Efecto Evaluado		Grados de Libertad	Cuadrado Medio	F	Significación.
CANALES	Esfericidad asumida	4	5.252	830.044	<0.001
	Épsilon	2.134	9.845	830.044	<0.001
ESTADO		1	0.001	0.135	0.714
BANDA		1	0.024	3.852	0.053
ESTADO * BANDA		1	0.003	0.545	0.462
CANALES * ESTADO	Esfericidad asumida	4	0.133	21.072	<0.001
	Épsilon	2.134	0.250	21.072	<0.001
CANALES * BANDA	Esfericidad asumida	4	0.009	1.365	0.245
	Épsilon	2.134	0.016	1.365	0.258
CANALES * ESTADO * BANDA	Esfericidad asumida	4	0.005	0.767	0.547
	Épsilon	2.134	0.009	0.767	0.474
Error (CANALES)	Esfericidad asumida	368	0.006		
	Épsilon	196.298	0.012		

El ADEVA para la comparación de medias del espectro de coherencia por bandas electroencefalográficas se realizó teniendo en cuenta los valores de grados de libertad correspondientes y se calculó además con la corrección dada por el valor de ε= 0,533.

La diferencia se encuentra a nivel de los canales temporales, donde los valores de coherencia son más bajos que en los canales dorsales. A su vez el valor de la coherencia en los canales T es significativamente más bajos en los perros epilépticos que en los perros sanos. **(Ver tabla XXVII)**

Tabla XXVII: la tabla muestra los valores obtenido para los contrastes simples realizados entre los promedio de las bandas electroencefalográficas para los canales interhemisféricos

Efecto	Contrastes	F	Significación
CANAL* ESTADO	T_3-T_4 Vs O_1-O_2	37,543	< 0.001
	T_3-T_4 Vs P_3-P_4	38,713	< 0.001
	T_3-T_4 Vs F_3-F_4	18,531	< 0.001
	T_3-T_4 Vs Fp_1-Fp_2	16,522	< 0.001

Aunque no hay diferencias significativas, en los perros epilépticos los canales dorsales presentan valores de coherencia para ambas bandas electroencefalográficas mayores que en los perros sanos. La mayoría de los canales presenta una media ≥ 0,8 (solo los canales Fp1-Fp2 en la banda alpha en presentan una media que se encuentra levemente por debajo $\bar{X}$ 0,78 ± 0,025). En cambio los valores de coherencia de los canales T3-T4 siempre se encuentran por debajo de 0,5 ($\bar{X}$ 0,26 ± 0,087 para la banda alpha y $\bar{X}$ 0,32 ± 0,12 para la banda theta) **(ver tabla XXVIII y gráfico 10)**

Sintetizando, podemos decir que la coherencia para ambas bandas de frecuencias (alpha y theta) en los perros epilépticos idiopáticos es más baja en los canales T que en los canales D. a su vez en los canales T la coherencia es siempre mas baja en los perros epilépticos idiopáticos.

Tabla XXVIII: La tabla resume los valores obtenidos para perros sanos y los perros epilépticos idiopáticos agrupados según el comportamiento obtenidos por ADEVA.

Estado	Banda electroencefalográfica	Canales		
		O_1-O_2 / P_3-P_4 / F_3-F_4	Fp_1-Fp_2	T_3-T_4
Perros sanos	Banda Alpha	0,858 ± 0,010	0,792 ± 0,025	0,375 ± 0,031
	Banda Theta	0,867 ± 0,096	0,800 ± 0,024	0,441 ± 0,036
Perros epilépticos	Banda Alpha	0,889 ± 0,011	0,782 ± 0,029	0,262 ± 0,017
	Banda Theta	0,925 ± 0,005	0,837 ± 0,317	0,317 ± 0,026

Ref.: $\bar{x}$ ± ESM

Gráfico 10: El Gráfico de barras muestra los valores del espectro de coherencia discriminado por banda electroencefalográfica y canales interhemisféricos en perros sanos y perros epilépticos idiopáticos.

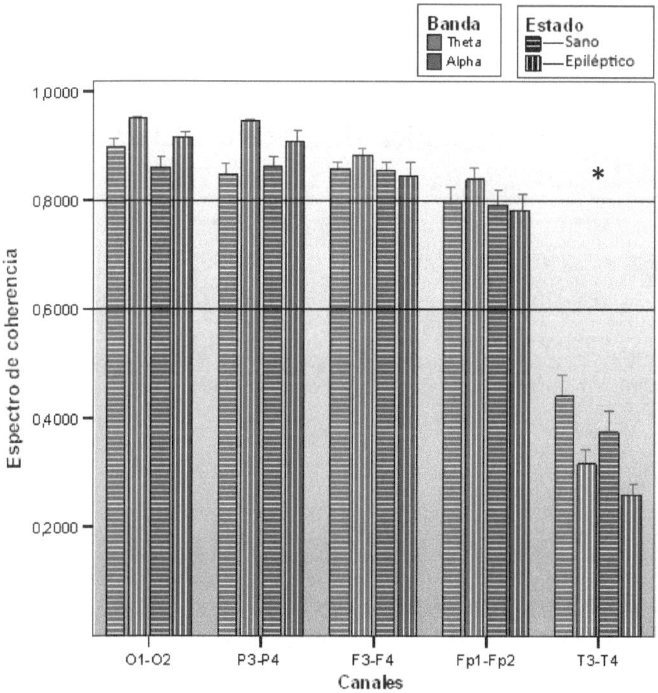

Las barras muestran la media y las líneas el error estándar de la media. El test de ADEVA indica la existencia de interacción (f: 21,72; p: < 0,001). El asterisco indica el sitio donde se produce la interacción

6.2.3. Análisis de coherencia intrahemisférica en base al pico de potencia cruzado (PPC)

6.2.3.1. Perros sanos

La **tabla XXIX** muestra los valores de la media y el error estándar de la media obtenida para la combinación de canales de ambos hemisferios en los perros sanos. Ambos hemisferios presentan una gran similitud para los tres componentes de estudio de coherencia.

Tabla XXIX: la tabla muestra los valores de la $\bar{X}$ y el error estándar de la media para los valores de los diferentes elementos del análisis de coherencia cerebral intrahemisférica.

Lado	Canales	Espectro de frecuencia al que ocurre el PPC (Hz)	Espectro de coherencia	Espectro de fase (ms)
Hemisferio Derecho	O_2-P_4	7.770 ± 0.401	0.902 ± 0.020	1.695 ± 0.278
	O_2-F_4	7.500 ± 0.406	0.744 ± 0.031	6.750 ± 3.067
	O_2-Fp_2	7.270 ± 0.393	0.664 ± 0.036	10.32 ± 3.604
	Fp_2-T_4	6.604 ± 0.339	0.617 ± 0.032	16.97 ± 6.179
	T_4-O_2	6.625 ± 0.305	0.673 ± 0.049	8.583 ± 2.608
Hemisferio Izquierdo	O_1-P_3	7.958 ± 0.391	0.906 ± 0.018	1.587 ± 0.296
	O_1-F_3	7.812 ± 0.404	0.748 ± 0.026	3.466 ± 0.699
	O_1-Fp_1	7.187 ± 0.344	0.709 ± 0.031	6.783 ± 1.866
	Fp_1-T_3	6.604 ± 0.348	0.629 ± 0.036	17.71 ± 5.692
	T_3-O_1	6.687 ± 0.323	0.654 ± 0.045	8.750± 3.441

A) Análisis del espectro de potencia cruzada:

Los valores promedio del espectro de potencia cruzado de todos los canales se encuentran entre 6,6 Hz y 7,9 Hz. Estos hallazgos incluyen a los valores en los límites de definición de las frecuencias theta (hasta 7,5 Hz) y alpha (desde 8,0 Hz).

B) Análisis del espectro de coherencia:

Los valores medios de coherencia en todos los casos (x̄ 0,60), indican que entre las diferentes combinaciones de canales existe un elevado grado de similitud en la morfología de las señales. En los canales O-P (de cualquiera de los dos hemisferios) los valores de coherencia son superiores a 0,8, lo que indica una semejanza adecuada entre estos canales.

C) Análisis del espectro de fase:

Al observar el comportamiento del espectro de fase en los canales dorsales, podemos observar que existe un gradiente caudo-rostral, marcado por una tendencia a aumentar el tiempo que se retrasa la señal a medida que los electrodos se alejan del electrodo occipital (recordar que las distancias al electrodo occipital son P < F < Fp). Respecto al comportamiento de los electrodos Halo, es claro que los canales Fp-T presentan una diferencia de tiempo que supera los 16 ms, mientras que los canales T-O presentan tiempos menores, de alrededor de 8,5 ms.

La **tabla XXX** resume el comportamiento global de la coherencia cerebral intrahemisférica. El PPC presenta una media de alrededor de los 7 Hz. La coherencia cerebral es elevada (x̄: 0,72).El espectro de fase presenta valores similares de retardo de la señal.

Tabla XXX: la tabla muestra el comportamiento general de ambos hemisferios del análisis de coherencia cerebral intrahemisférica.

Componente del análisis de coherencia	HEMISFERIO / MEDIDA ESTADÍSTICA	IZQUIERDO	DERECHO
PPC	**Media**	**7,25 Hz**	**7,15 Hz**
	Intervalo de confianza 95%	6,91- 7,58 Hz	6,81- 7,48 Hz
ESPECTRO DE COHERENCIA	**Media**	**0,72**	**0,72**
	Intervalo de confianza 95%	0,69- 0,76	0,68-0,75
ESPECTRO DE FASE	**Media**	**7,66 ms.**	**8,86 ms.**
	Intervalo de confianza 95%	4,76- 10,55 ms.	5,24- 12,18 ms.

Se muestran los valores de la x̄ y el intervalo de confianza para los valores de los diferentes elementos

D) Evaluación del comportamiento de los hemisferios:

Para evaluar el comportamiento de las variables estudiadas en los dos hemisferios se realizó la prueba para muestras apareadas. Para todas las combinaciones de canales, las tres variables estudiadas presentaron el mismo comportamiento en ambos hemisferios ($p<0,05$). **(Ver tabla XXXI y gráfico 11 para la frecuencia a la que ocurre el PPC, tabla XXXII y gráfico 12 para el espectro de coherencia y tabla XXXIII y gráfico 13 para el espectro de fase)**

Tabla XXXI: la tabla muestra los valores del test de diferencias apareadas para el espectro de potencia cruzada al que ocurre el PPC. En ella se especifican los valores que surgen de las comparaciones de los pares de canales homólogos contralaterales de ambos hemisferios. En todos ellas el valor de significación establecido fue p<0,05.

		Media	Deviación estándar	Error estándar de la Media	Intervalo 95% Confianza de la diferencia		t	Grados de libertad	Significación
Par	Canales				Mas bajo	Mas alto			
Par 1	O_1-P_3 - O_2-P_4	-0.0104	0.90794	0.13105	-0.2741	0.2532	-0.079	47	0.937
Par 2	O_1-F_3 - O_2-F_4	0.1354	1.03523	0.14942	-0.1652	0.4360	0.906	47	0.369
Par 3	O_1-FP_1 - O_2-FP_2	0.1146	1.36538	0.19708	-0.2819	0.5110	0.581	47	0.564
Par 4	FP_1-T_3 - FP_2-T_4	0.2292	1.54010	0.22229	-0.2180	0.6764	1.031	47	0.308
Par 5	T_3-O_1 - T_4-O_2	0.1458	1.65336	0.23864	-0.3343	0.6259	0.611	47	0.544

Gráfico 11: El gráfico muestra el comportamiento del espectro de potencia cruzada para los valores de los pares de canales homólogos contralaterales de ambos hemisferios.

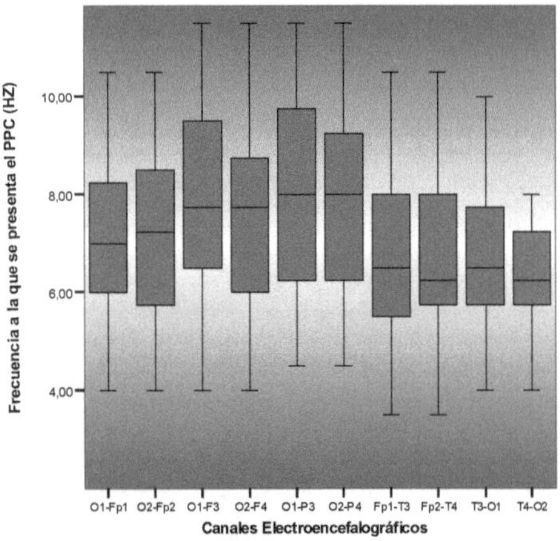

La línea central de las cajas corresponde a la mediana. Los bordes de las cajas al 1º desvío intercuartil; y los extremos de los bigotes al 2º desvío intercuartil. Nótese la similitud en el comportamiento de los pares de canales.

Tabla XXII: la tabla muestra los valores del test de diferencias apareadas para el espectro de coherencia cerebral. En ella se especifican los valores que surgen de las comparaciones de los pares de canales homólogos contralaterales de ambos hemisferios. En todos ellas el valor de significación establecido fue p<0,05

		Media	Deviación estándar	Error estándar de la Media	Intervalo 95% Confianza de la diferencia		t	Grados de libertad	Significación
Par	Canales				Mas bajo	Mas alto			
Par	O_1-P_3 - O_2-P_4	-0.0292	5.18110	0.74783	-1.5336	1.4753	-0.039	47	0.969
Par	O_1-F_3 - O_2-F_4	0.5646	8.65970	1.24992	-1.9499	3.0791	0.452	47	0.654
Par	O_1-FP_1 - O_2-FP_2	1.9958	10.49973	1.51550	-1.0530	5.0446	1.317	47	0.194
Par	FP_1-T_3 - FP_2-T_4	1.2687	16.78371	2.42252	-3.6047	6.1422	.524	47	0.603
Par	T_3-O_1 - T_4-O_2	1.4813	20.18375	2.91327	-4.3795	7.3420	.508	47	0.614

Gráfico 12: El gráfico muestra el comportamiento del espectro de coherencia para los valores de los pares de canales homólogos contralaterales de ambos hemisferios.

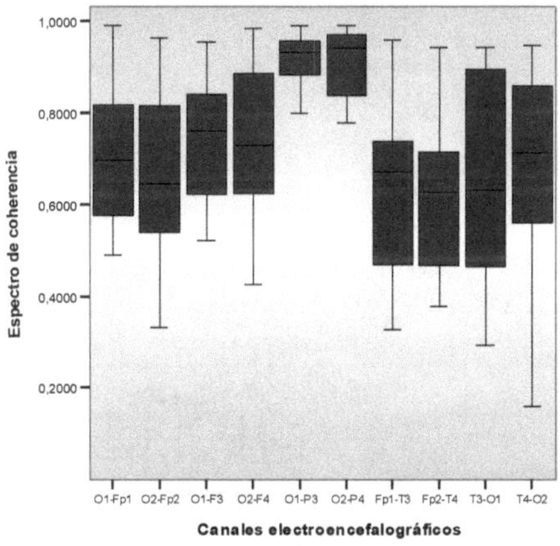

La línea central de las cajas corresponde a la mediana. Los bordes de las cajas al 1º desvío intercuartil; y los extremos de los bigotes al 2º desvío intercuartil. Nótese la similitud en el comportamiento de los pares de canales.

Tabla XXXIII: la tabla muestra los valores del test de diferencias apareadas para el espectro de fase. En ella se especifican los valores que surgen de las comparaciones de los pares de canales homólogos contralaterales de ambos hemisferios. En todas ellas el valor de significación establecido fue $p<0,05$

Par	Canales	Media	Deviación estándar	Error estándar de la Media	Intervalo 95% Confianza de la diferencia		t	Grados de libertad	Significación
					Mas bajo	Mas alto			
Par 1	O_1-P_3 - O_2-P_4	-0.2123	1.71131	0.24701	-0.7092	0.2846	-0.859	47	0.394
Par 2	O_1-F_3 - O_2-F_4	-2.1240	11.10682	1.60313	-5.3490	1.1011	-1.325	47	0.192
Par 3	O_1-FP_1 - O_2-FP_2	-1.3800	10.08472	1.45560	-4.3083	1.5483	-.948	47	0.348
Par 4	FP_1-T_3 - FP_2-T_4	1.0121	15.81603	2.28285	-3.5804	5.6046	.443	47	0.660
Par 5	T_3-O_1 - T_4-O_2	-1.8940	19.21799	2.77388	-7.4743	3.6864	-.683	47	0.498

Gráfico 13: El gráfico muestra el comportamiento del espectro de fase al que ocurre el PPC para los valores de los pares de canales homólogos contralaterales de ambos hemisferios.

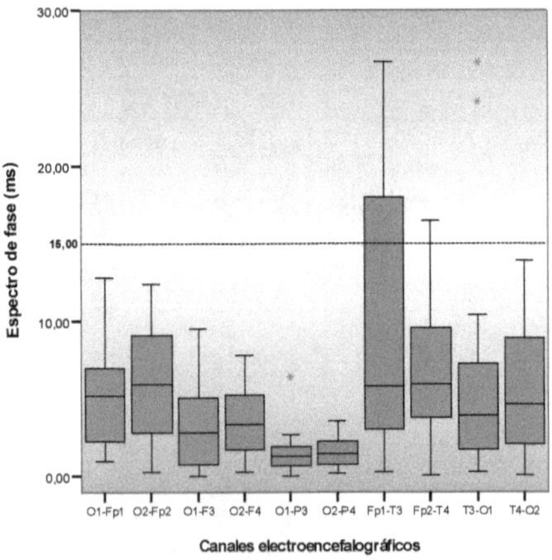

La línea central de las cajas corresponde a la mediana. Los bordes de las cajas al 1º desvío intercuartil; y los extremos de los bigotes al 2º desvío intercuartil. Los asteriscos rojos indican valores extremos (casos con valores superiores a 3 longitudes de caja desde el borde superior o inferior de la caja). Nótese la similitud en el comportamiento de los pares de canales

En todos los casos se comprobó que no había diferencias en el valor del promedio de los pares de canales homólogos de cada hemisferio ($p > 0.05$). Debido a que no hemos encontrado diferencias significativas se decidió trabajar con el promedio de los valores obtenidos para las combinaciones de canales homólogos contralaterales de ambos hemisferios. De esta manera se facilita el análisis de su comportamiento; por ejemplo, los canales O_1-P_3 y O_2-P_4 se incluyeron en un grupo común llamado O-P en el que se incluyó el promedio de ambos canales.

Terminada dicha tarea se procedió a realizar los análisis correspondientes a los diferentes componentes del análisis de coherencia.

E) Análisis del espectro de potencia cruzado:

Al analizar el PPC, observamos que existe efecto canal (F: 4,91; p: < 0,001). **(Ver tabla XXXIV)**

Efecto canal: Hallamos diferencia significativa (F: 2,71 p: 0,0032) entre los canales halo ($\bar{x}$ 6,63 Hz ± 0,16) y los canales dorsales ($\bar{x}$ 7,58 Hz ± 0,15). No hay diferencias entre los canales del grupo dorsal (F: 0,45; p: 0,77) **Ver tabla XXXV y gráfico 14.**

Tabla XXXIV: la tabla muestra los elementos del ADEVA para los valores del espectro de frecuencias a los que se da la armónica de mayor potencia (el PPC) de los canales intrahemisféricos.

Efecto Evaluado	Grados de Libertad	Cuadrado Medio	F	Significación
CANAL	4	15.6161	4.91	<0.001
Error	235	3.24244		

Tabla XXXV: la tabla muestra los contrastes para los valores del espectro de frecuencias a los que se da el PPC de los canales intrahemisféricos. En todos ellos el valor de significación establecido fue p<0,05.

Efecto	Contrastes	F	Significación
CANAL	Halo Vs Dorsales	2.71	0.0032
	O-P Vs (O-F + O-Fp)	0.45	0.7766

Gráfico 14: El gráfico de barras muestra los valores de la media de la frecuencia a la que se da la armónica en común de mayor potencia (PPC) para la agrupación de los canales intrahemisféricos.

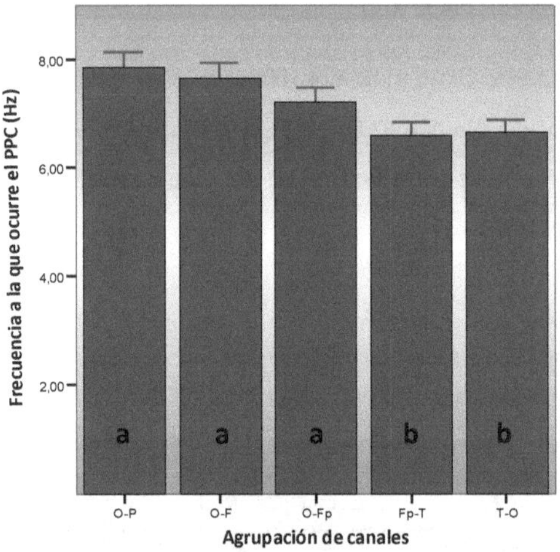

Las barras muestran el valor de la media y las líneas el error estándar de la media. Las letras indican diferencias significativas entre los grupos. p: <0,05

Sintetizando, podemos decir que los canales Halo presentan el PPC a una frecuencia inferior que los canales dorsales ($\bar{X}$ 6,63 y 7,58 respectivamente). Los canales dorsales no presentan diferencias entre ellos.

F) Análisis del espectro de coherencia:

El valor de la coherencia también presenta diferencias significativas (F: 21,04; p: < 0,001) entre ambos grupos de canales ($\bar{X}$ 0,77 ± 1,36 para el grupo dorsal y $\bar{X}$ 0,64 ± 2,05 para el grupo Halo). **(Ver tabla XXXVI)**

Tabla XXXVI: la tabla muestra los elementos del ADEVA para los valores obtenidos del espectro de coherencia correspondientes a la frecuencia que ocurre el PPC de los canales intrahemisféricos.

Efecto Evaluado	Grados de Libertad	Cuadrado Medio	F	Significación.
CANAL	9	0.57771	21.04	<0.001
Error	235	0.02746		

Dentro del grupo de los canales halo no se observan diferencias significativas (p: 0,230). Al analizar el comportamiento del grupo de los canales dorsales, observamos que los electrodos O-P presentan valores de coherencia significativamente mayores (0,90) que los restantes pares de canales (O-F: 0,74; O-Fp: 0.68) (F: 10,30; p:<0,001). Estos últimos no presentan diferencias significativas entre ellos (F: 0,77; p: 0,54) **(ver tabla XXXVII y gráfico 15)**

Tabla XXXVII: la tabla muestra los contrastes para los valores del espectro de coherencia obtenidos para la frecuencia a la que se da el PPC de los canales intrahemisféricos. En todos ellos el valor de significación establecido fue p<0,05

Efecto	Contrastes	F	Significación
CANAL	Halo Vs Dorsales	7.95	<0.001
	O-P Vs (O-F + O-Fp)	10.30	<0.001
	O-F Vs O-Fp	0.77	0.5480

Gráfico 15: El gráfico de barras muestra los valores de la media del espectro de coherencia a la frecuencia que se da la armónica en común de mayor potencia (PPC) para la agrupación de los canales intrahemisféricos.

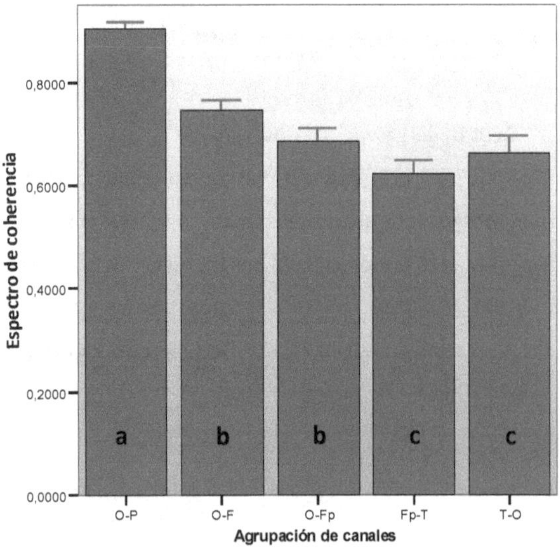

Las barras muestran el valor de la media y las líneas el error estándar de la media. Las letras indican las diferencias entre los grupos. p: <0,05

En síntesis, podemos decir que los valores del espectro de coherencia de los canales D ($\bar{x}$ 0,77) son mayores que los del grupo de canales Halo ($\bar{x}$ 0,64). A su vez, la coherencia para los canales O-P es significativamente superior al resto de los canales dorsales

G) Análisis del espectro de fase:

Con respecto al espectro de fase existe diferencia significativa al analizar el comportamiento de los canales (F: 6,00; p: < 0,001) **(ver tabla XXXVIII).**

Tabla XXXVIII: la tabla muestra los elementos del ADEVA para los valores obtenidos del espectro de fase correspondientes a la frecuencia que ocurre el PPC de los canales interhemisféricos.

Efectos Evaluado	Grados de Libertad	Cuadrado Medio	F	Significación.
CANAL	9	1638.47	6.00	<0.001
Error	235	273.158		

No hemos hallado diferencias significativas entre los canales dorsales (P: 0,053). Su valor promedio es de 5,10 ms (± 0,88). El grupo de canales halo presenta diferencias significativas entre sí; los canales Fp-T presentan un $\bar{x}$ de 17,34 ms. mientras que los canales T-O un $\bar{x}$ de 8,66 ms. (p: 0, 16). **(Ver tabla XXXIX y gráfico 16)**

Tabla XXXIX: la tabla muestra los contrastes para los valores del espectro de fase obtenidos para la frecuencia a la que se da el PPC de los canales intrahemisféricos. En todos ellos el valor de significación establecido fue p<0,05

Efecto	Contrastes	F	Significación
CANAL	Halo Vs Dorsales	3.29	0.0120
	O-P Vs (O-F + O-Fp)	0.9	0.5359
	O-F Vs O-Fp	0.26	0.9022
	Fp-T Vs T-O	1.65	0.1600

Gráfico 16: El gráfico de puntos muestra los valores de la media del espectro de fase correspondiente a la frecuencia que se da la armónica en común de mayor potencia (PPC) para la agrupación de los canales intrahemisféricos.

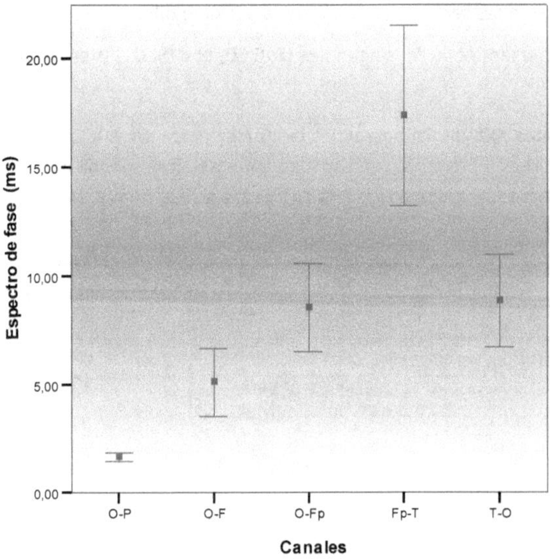

Los puntos indican el valor de la media y las líneas el error estándar de la media. P. <0,05

Sintetizando, podemos decir que los valores del espectro de fase son similares entre los canales D ($\bar{X}$ 5,100 ms), que a su vez son mayores que los del grupo de canales Halo.

En este último grupo el retraso que sufre la transmisión de la señal entre los canales Fp-T ($\bar{X}$ 17,34 ms) es significativamente superior que en los canales T-O ($\bar{X}$ 8,66 ms).

La **tabla XL** muestra un resumen de los valores obtenidos luego de realizar la agrupación de canales. En el **gráfico 17** se observa el comportamiento del valor de la frecuencia a la que ocurre el PPC y su respectivo valor del espectro de coherencia.

Tabla XL: la tabla muestra el comportamiento de los elementos del análisis de coherencia cerebral en perros sanos para las agrupaciones de canales intrahemisféricos.

Elementos del estudio de coherencia cerebral	Agrupación de canales	
	Canales Dorsales	Canales Halo
Espectro de potencia cruzado (Hz)	7,583 ± 0,158	6,630 ± 0,162
Espectro de coherencia	0,778 ± 0,013	0,643 ± 0,020
Espectro de fase (ms)	5,100 ± 0,880	Fp-T: 17,34 ± 1,65 T-O: 8,66 ± 0,89

Ref.: $\bar{X}$ ± ESM

Gráfico 17: comportamiento de los canales intrahemisféricos obtenido según los valores de ADEVA. A- El gráfico de barras muestra los valores de la frecuencia a la que se da la armónica en común de mayor potencia (PPC). B- El gráfico de barras muestra los valores del espectro de coherencia para el valor en el que ocurre el PPC. Para el espectro de fase **ver grafico 18**

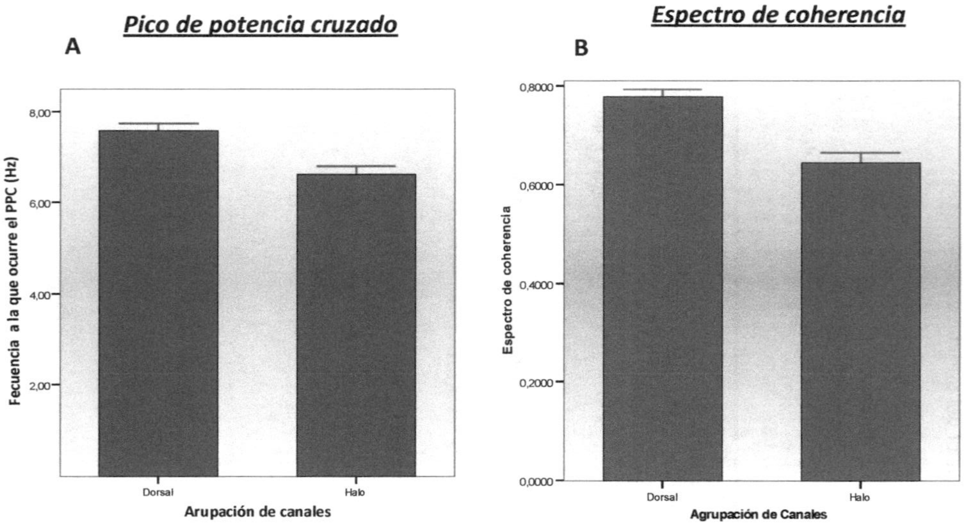

Las barras muestran el valor de la media y las líneas el error estándar de la media.

6.2.3.2. *Perros epilépticos idiopáticos*

La **tabla XLI** muestra los valores promedio de los perros epilépticos idiopáticos, obtenidos para el análisis de la coherencia cerebral intrahemisférico. El valor del PPC se ubica entre 4,02 y 6,06 Hz. Los valores de coherencia permanecen siempre por encima de 0,5, y son superiores en los canales dorsales.

Tabla XLI: la tabla muestra los valores del análisis de los componentes del análisis de coherencia cerebral para ambos hemisferios cerebrales, discriminado por canales.

Lado	Canales	Espectro de potencia cruzado (Hz)	Espectro de coherencia	Espectro de fase (ms)
Hemisferio Derecho	O_2-P_4	6.06 ± 0.54	0.949 ± 0.065	1.83 ± 0.47
	O_2-F_4	5.81 ± 0.57	0.806 ± 0.020	4.17 ± 0.64
	O_2-Fp_2	5.54 ± 0.55	0.732 ± 0.261	5.71 ± v1.07
	Fp_2-T_4	4.02 ± 0.30	0.504 ± 0.054	20.13 ± 4.02
	T_4-O_2	4.35 ± 0.39	0.586 ± 0.304	22.79 ± 5,09
Hemisferio Izquierdo	O_1-P_3	5.85 ± 0.56	0.945 ± 0.070	1.51 ± 0.29
	O_1-F_3	5.77 ± 0.58	0.813 ± 0.021	3.21 ± 0.55
	O_1-Fp_1	5.85 ± 0.59	0.727 ± 0.037	6.49 ± 1.28
	Fp_1-T_3	4.48 ± 0.43	0.514 ± 0.030	21.41 ± 3.85
	T_3-O_1	4.58 ± 0.37	0.634 ± 0.035	18.46 ± 3.40

Ref.: $\bar{x}$ ± ESM

Al igual que sucede en el grupo de perros sanos, en los perros epilépticos idiopáticos no hemos hallado diferencias significativas en el comportamiento de ambos hemisferios cerebrales. Por este motivo se trabajó con el promedio de los valores obtenidos para la combinación de los canales homólogos contralaterales de ambos hemisferios. Ver **gráfico**

18 para la frecuencia a la que ocurre el PPC, **gráfico 19** para el espectro de coherencia y **gráfico 20** para el espectro de fase.

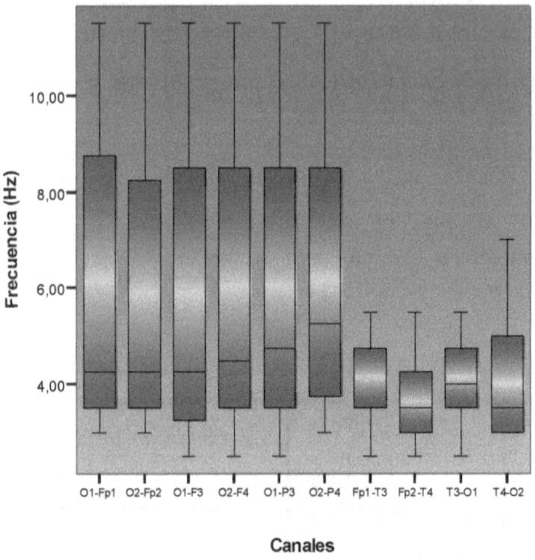

Gráfico 18: el gráfico de cajas y bigotes muestra el valor de la frecuencia a la que se presenta el PPC. Las cajas representan del primer desvío intercuartil centrados alrededor de la mediana (línea central). Los bigotes representan la distribución de los segundos cuartiles. Obsérvese la similitud entre los pares de canales de ambos hemisferios tanto en los perros epilépticos idiopáticos.

Gráfico 19: el gráfico de cajas y bigotes muestra el valor del espectro de coherencia para la frecuencia a la que se presenta el PPC. Las cajas representan del primer desvío intercuartil centrados alrededor de la mediana (línea central). Los bigotes representan la distribución de los segundos cuartiles. Los círculos rojos representan los valores atípicos (valores entre 1,5 y 3 longitudes de caja desde el borde superior o inferior de la caja). Obsérvese la similitud entre los pares de canales de ambos hemisferios tanto en los perros epilépticos idiopáticos.

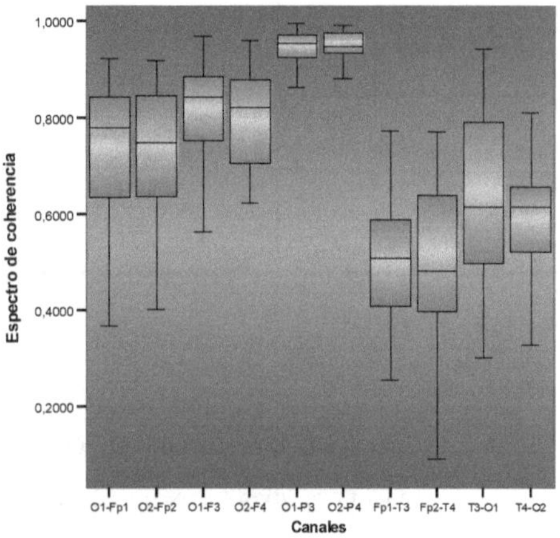

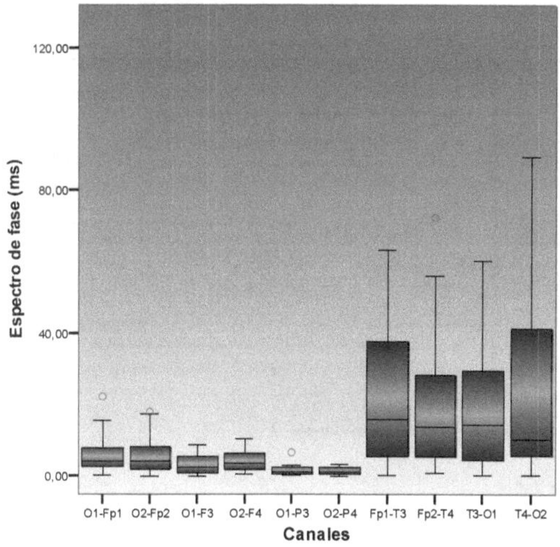

Gráfico 20: el gráfico de cajas y bigotes muestra el valor del espectro de fase para la frecuencia a la que se presenta el PPC. Las cajas representan del primer desvío intercuartil centrados alrededor de la mediana (línea central). Los bigotes representan la distribución de los segundos cuartiles. Los círculos rojos representan los valores atípicos (valores entre 1,5 y 3 longitudes de caja desde el borde superior o inferior de la caja). Obsérvese la similitud entre los pares de canales de ambos hemisferios tanto en los perros epilépticos idiopáticos.

6.2.3.3. Comparación perros sanos Vs perros epilépticos idiopáticos

A) Análisis del espectro de potencia cruzado:

El análisis del PPC obtenido a partir del espectro de potencia cruzado muestra que no existe interacción estado x canal (F: 2,780; p: 0,851). Sin embargo hemos hallado que existen diferencia entre estados [*Efecto estado*] (F: 15,429; p: <0,001). También existe *efecto canal* (F: 15,662; p: <0,001); **(ver tabla XLII)**

Tabla XLII: la tabla muestra los valores del análisis de varianza obtenido para la frecuencia a la que se da la armónica en común de mayor potencia

Efectos Evaluado		Grados de Libertad	Cuadrado Medio	F	Significación.
CANAL	Esfericidad asumida	4	22.229	15.662	<0.001
	Épsilon	1.738	51.174	15.662	<0.001
ESTADO		1	46.512	15.429	0.000
CANAL * ESTADO	Esfericidad asumida	4.831	4	1.208	0.851
	Épsilon	4.831	1.738	2.780	0.851
Error(CANAL)	Esfericidad asumida	184	1.419		
	Épsilon	79.926	3.267		

El ADEVA para la comparación de medias del PPC se realizó teniendo en cuenta los valores de grados de libertad correspondientes y se calculó además con la corrección dada por el valor de ε= 0,434

Efecto estado: Los animales epilépticos ($\bar{X}$ 5,22 ± 0,35 Hz) presentan un valor de frecuencia a la que se presenta el PPC menor que los animales sanos. ($\bar{X}$ 7,02 ± 0,35 Hz).

Efecto canal: Los contrastes realizados muestran que existen diferencias (p: <0,001) en el valor de la frecuencia que ocurre el PPC entre los canales halo ($\bar{X}$ 4,35 Hz) y los canales dorsales ($\bar{X}$ 5,81) Hz. **(Ver tabla XLIII y gráfico 21)**

Tabla XLIII: la tabla muestra los valores obtenidos para los contrastes generales de la frecuencia a la que se da la armónica en común de mayor potencia (PPC)

Efecto	Contrastes	F	Significación
CANALES	T-O Vs O-P	25.059	<0.001
	T-O Vs O-F	20.752	<0.001
	T-O Vs O-Fp	17.522	<0.001
	T-O Vs Fp-T	1.093	0.301

Gráfico 21: El Gráfico de barras muestra los valores de la frecuencia a la que se da la armónica en común de mayor potencia (PPC) para la combinación de canales intrahemisféricos en perros sanos y perros epilépticos idiopáticos.

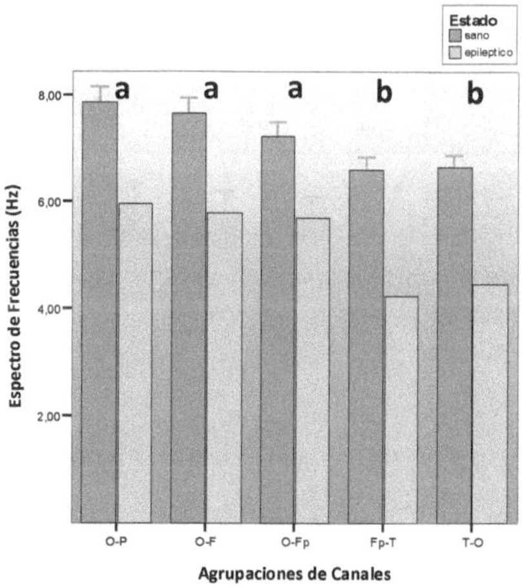

El análisis de varianza muestra diferencia significativa entre estados (F: 15,66; p: < 0,001). Las letras indican grupos de canales con similar valor de la media.

Sintetizando, en los perros epilépticos idiopáticos, el PPC ocurre a una frecuencia inferior que en lo perros sanos. Independientemente del estado del perro, el PPC de los canales halo es siempre inferior que en los canales dorsales. La frecuencia a la que ocurre el PPC en los canales halo siempre se encuentra dentro de los límites de la banda electroencefalográfica theta (4 -7 Hz)

B) Análisis del espectro de coherencia:

Respecto a los valores del espectro de coherencia existe interacción entre los factores estado y canal (F: 7,748; p:< 0,001). **(Ver tabla XLIV)**

Tabla XLIV: la tabla muestra los valores del análisis de varianza obtenido para el espectro de coherencia que se da a la frecuencia que ocurre el PPC.

Efectos		Grados de Libertad	Cuadrado Medio	F	Significación.
CANAL	Esfericidad asumida	4	9203.988	98.641	<0.001
	Épsilon	2.570	14324.666	98.641	<0.001
ESTADO		1	1.669	0.016	0.900
CANAL * ESTADO	Esfericidad asumida	4	722.979	7.748	<0.001
	Épsilon	2.570	1125.212	7.748	<0.001
Error(CANAL)	Esfericidad asumida	184	93.308		
	Épsilon	118.225	145.220		

El ADEVA para la comparación de medias del PPC se realizó teniendo en cuenta los valores de grados de libertad correspondientes y se calculó además con la corrección dada por el valor de ε= 0,643.

El efecto de la interacción se observa a nivel de los canales halo, en los que los valores de coherencia son significativamente menores en los animales epilépticos. Sin embargo entre los canales del grupo halo solo los Fp-T presentan valores que representan cambios biológicos significativos, siendo el promedio para los animales sanos de 0,623 (desigualdad moderada), mientras que los epilépticos presentan una 0,507(desigualdad marcada). **(Ver tabla XLV y gráfico 22).**

Tabla XLV: la tabla muestra los valores obtenidos para los contrastes generales del espectro de coherencia que se da a la frecuencia que ocurre el PPC.

Efecto	Contrastes	F	Significación
CANAL * ESTADO	Halo Vs O-P	11.628	0.001
	Halo Vs O-F	17.970	<0.001
	Halo Vs O-Fp	11.253	0.002
	Fp-T Vs T-O	1.894	0.175
	O-P Vs O-F	0.738	0.395
	O-P Vs O-Fp	0.000	0.992

Gráfico 22: El Gráfico de barras muestra los valores del espectro de coherencia cerebral que se da a la frecuencia que ocurre el PPC para la combinación de canales intrahemisférico en perros sanos y perros epilépticos idiopáticos.

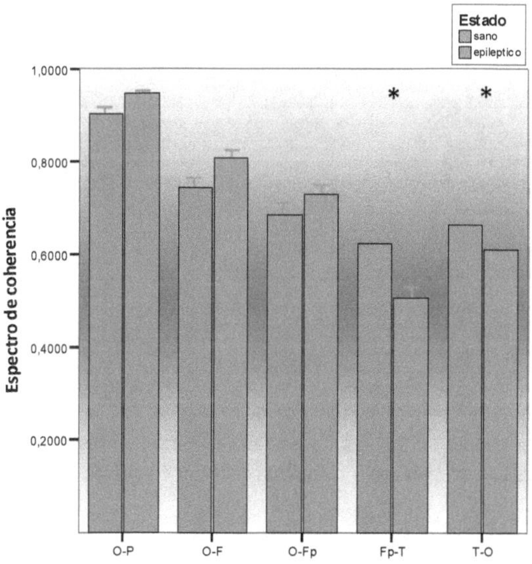

Las barras indican el valor de la media y las líneas el error estándar de la media. El test de ADEVA indica la existencia de interacción (F: 7,74; p: < 0,001). Los asteriscos indican los sitios donde se produce la interacción.

En síntesis, en los perros epilépticos idiopáticos los valores de espectro de coherencia en los canales halo son significativamente inferiores que en los perros sanos. No hay diferencia entre los canales dorsales.

C) Análisis del espectro de fase:

No existe interacción entre el estado de los animales y los canales (F: 2,796; p: 0,067), ni efecto estado (F: 0,983; p: 0,350). El análisis estadístico muestra que existe *efecto canal* (F: 17,189; p: <0,001). **(Ver tabla XLVI)**

Tabla XLVI: la tabla muestra los valores del análisis de varianza obtenido para el espectro de fase de la señal a la frecuencia que ocurre el PPC.

Efectos		Grados de Libertad	Cuadrado Medio	F	Significación.
CANAL	Esfericidad asumida	4	2532.220	17.819	<0.001
	Épsilon	1.969	5143.055	17.819	<0.001
ESTADO		1	309.117	0.893	0.350
CANAL * ESTADO	Esfericidad asumida	4	397.382	2.796	0.028
	Épsilon	1.969	807.102	2.796	0.067
Error(CANAL)	Esfericidad asumida	26148.331	184		
	Épsilon	26148.331	90.594		

El ADEVA para la comparación de medias del PPC se realizó teniendo en cuenta los valores de grados de libertad correspondientes y se calculó además con la corrección dada por el valor de ε= 0,492.

Efecto canal: Los contrastes para el valor de la media indican que no hay diferencia en el comportamiento de las canales dorsales. Los canales halo muestran diferencias entre ellos, siendo más elevado el valor de los canales Fp-T que en los T-O. **(Ver tabla XLVII y gráficos 23,24 y 25)**

Tabla XLVII: la tabla muestra los valores obtenidos para los contrastes generales del espectro de fase de la señal a la frecuencia que ocurre el PPC

Efecto	Contrastes	F	Significación
CANAL	T-O Vs O-P	26,087	0,000
	T-O Vs O-F	22,158	0,000
	T-O Vs O-Fp	14,520	0,000
	T-O Vs Fp-T	2,437	0,125

Gráfico 23: El Gráfico de puntos muestra los valores del espectro de fase para la señal a la frecuencia que ocurre el PPC para la combinación de canales intrahemisféricos en perros sanos y perros epilépticos idiopáticos.

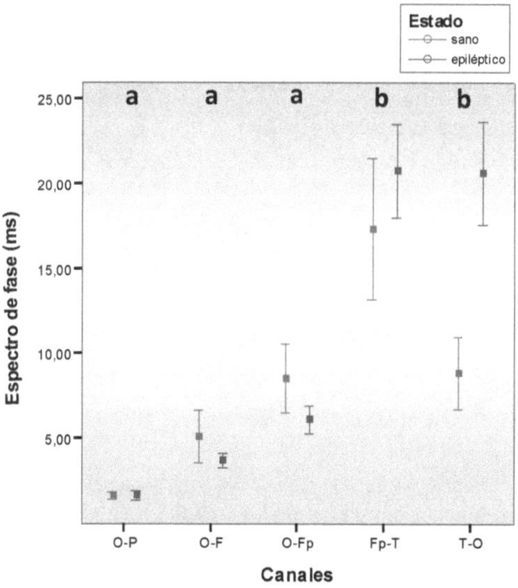

En síntesis, el espectro de fase tiene un comportamiento similar en ambos grupos de perros, siendo más elevado en los canales Halo que en los canales Dorsales, particularmente en los canales Fp-T.

Gráfico 24: El Gráfico de puntos muestra los valores del espectro de fase para la señal a la frecuencia que ocurre el PPC para la combinación de canales intrahemisféricos dorsales en perros sanos y perros epilépticos idiopáticos.

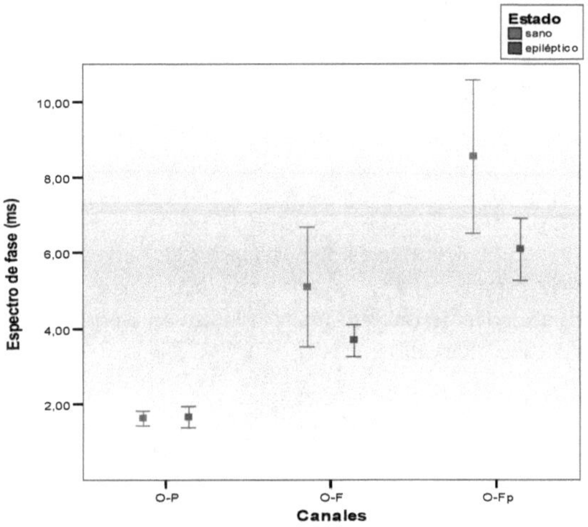

Gráfico 25: El Gráfico de puntos muestra los valores del espectro de fase para la señal a la frecuencia que ocurre el PPC para la combinación de canales intrahemisféricos halo en perros sanos y perros epilépticos idiopáticos.

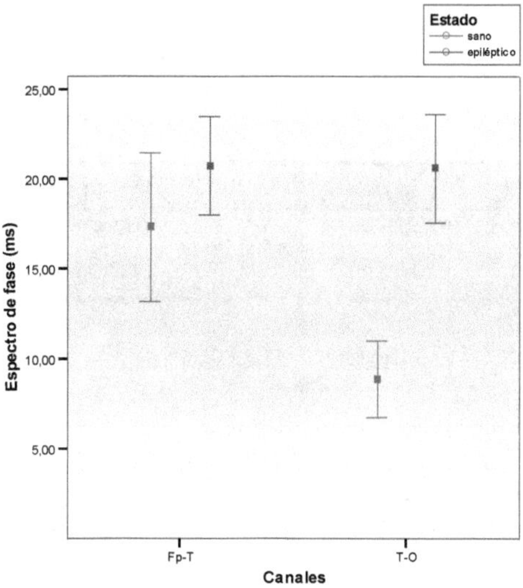

Los puntos indican el valor de la media y las líneas, el erro estándar de la media. El test de ADEVA indica que no existe diferencia entre estados (F: 0,89; p: 0,35). Los contrastes no muestran diferencias entre canales (F: 2,43; p: 0,125).

La **tabla XLVIII** resume los valores obtenidos para la coherencia cerebral en perros sanos y perros epilépticos idiopáticos, obtenidos luego del análisis estadístico.

Tabla XLVIII: La tabla resume los valores obtenidos para perros sanos y los perros epilépticos idiopáticos agrupados según el comportamiento obtenidos por ADEVA.

		Perros sanos			Perros epilépticos idiopáticos		
		PPC (Hz)	Espectro de coherencia	Espectro de fase (ms)	PPC (Hz)	Espectro de coherencia	Espectro de fase (ms)
Canales	Dorsales	7,58 ± 0,15	0,778 ± 0,01	5,10 ± 0,88	5,86 ± 0,24	0,82 ± 0,02	3,82 ± 1,13
	Halo	6,63 ± 0,16	0,64 ± 0,02	13,10 ± 2,36	4,35 ± 0,13	0,55 ± 0,02	20,64 ± 3,91

Ref.: $\bar{x}$ ± ESM

6.2.4. Análisis de coherencia intrahemisférica por banda electroencefalográfica

6.2.4.1. *Perros sanos*

En la **tabla XLIX** se muestran los valores obtenidos para los promedios de las bandas electroencefalográficas para la coherencia cerebral intrahemisférica.

Tabla XLIX: La tabla muestra los valores obtenidos en perros sanos de las bandas electroencefalográficas alpha y theta.

LADO	CANALES	BANDA THETA	BANDA ALPHA
Hemisferio Izquierdo	O_1-P_3	0.86 ± 0.0074	0.85 ± 0.0074
	O_1-F_3	0.62 ± 0.0138	0.64 ± 0.0107
	O_1-Fp_1	0.56 ± 0.0166	0.57 ± 0.0130
	Fp_1-T_3	0.48 ± 0.0166	0.48 ± 0.0132
	T_3-O_1	0.55 ± 0.0159	0.52 ± 0.0143
Hemisferio derecho	O_2-P_2	0.82 ± 0.0130	0.83 ± 0.0105
	O_2-F_4	0.63 ± 0.0138	0.63 ± 0.0114
	O_2-Fp_2	0.52 ± 0.0161	0.53 ± 0.0130
	Fp_2-T_4	0.46 ± 0.0145	0.49 ± 0.0105
	T_4-O_2	0.61 ± 0.0153	0.56 ± 0.0138

Ref.: $\bar{x}$ ± ESM

El análisis de los resultados obtenidos para los valores de coherencia por bandas muestra que no existe interacción (F: 0,20; p: 0,99) ni diferencias en el comportamiento de las bandas (F: 0,01; p: 0,91) mientras que existe diferencia entre los canales [*efecto canal*] (F: 26,84; p:<0,001) **(ver tabla L).**

Tabla L: la tabla muestra los valores del análisis de varianza obtenido para el promedio del espectro coherencia para las bandas electroencefalográfica alpha y theta.

Efectos Evaluados	Grados de Libertad	Cuadrado Medio	F	Significación.
CANALES	4	1.86268	60.19	0.001
BANDA	1	0.00032	0.01	0.9188
CANALES * BANDA	4	0.01240	0.40	0.8103
Error (CANALES)	470	0.03095		

Efecto canal: De acuerdo al valor de la media de la coherencia por bandas, es posible identificar cuatro grupos de canales diferentes. Los canales halo presentan valores menores al de los canales dorsales, siempre inferiores a 0,6. Sin embargo, hay diferencias entre los canales Fp-T ($\bar{X}$=0,48) y los T-O ($\bar{X}$=0,56). En el grupo dorsal, los canales O-P presentan valores de coherencia mayores que los canales O-F y O-Fp. **(ver tabla LI y gráfico 26)**

Tabla LI: Prueba de Tukey para los valores del espectro de coherencia de las bandas electroencefalográficas

Agrupación de canales	N	Niveles			
		1	2	3	4
Fp-T	96	0,481			
O-Fp	96		0,552		
T-O	96		0,563		
O-F	96			0,633	
O-P	96				0,845

Los valores de los niveles corresponden a la media. Alpha = 0,05.

Gráfico 26: El Gráfico de barras muestra los valores del espectro de coherencia cerebral en perros sanos, discriminado por banda electroencefalográfica y agrupación de canales intrahemisférico según el test de ADEVA.

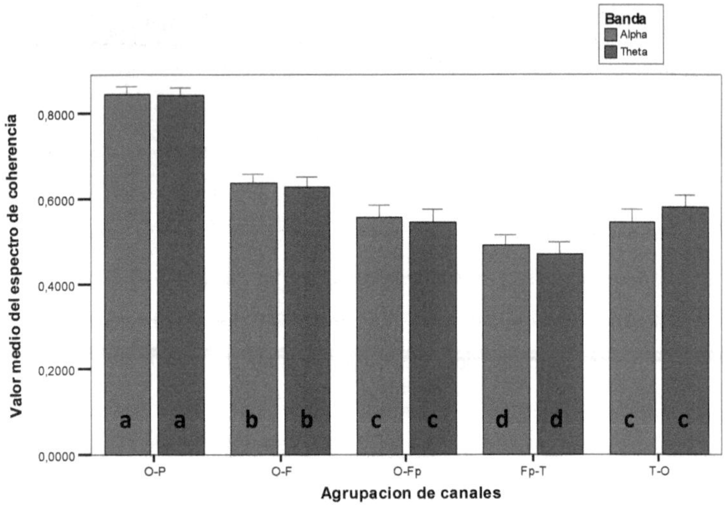

Las barras indican el valor de la media y las líneas el error estándar de la media. Las letras indican diferencias en el valor de la media en los grupos.

El análisis del comportamiento de las bandas de coherencia por canales nuestra que en la región dorsal, los canales O-P y O-F presentan valores de coherencia superiores a 0,65 en cualquiera de las dos bandas electroencefalográficas que se evalúen. Particularmente los canales O-P muestran valores superiores a 0,85 (que indica similitud adecuada). Los canales O-Fp presentan valores por debajo de 0,65 (aunque muy cercanos al mismo) que indica desigualdad moderada.

En el caso de los canales halo puede observarse que la combinación Fp-T presenta valores de coherencia menores a 0,5 en cualquiera de las bandas evaluadas. Estos valores indican desigualdad marcada entre la señal de dichos electrodos. Los canales T-O muestran valores de coherencia que nunca supera 0,65 (limite que indica desigualdad leve).

Tabla LII: valores obtenidos para las bandas electroencefalográficas estudiadas en los perros sanos. No hay diferencias significativas según ADEVA (F: 0,01; p: 0,91).

Banda electroencefalográfica	Media	Error estándar	Intervalo de confianza 95%I	
			Límite Menor	Límite mayor
Alpha	0,616	0,011	0,594	0,638
Theta	0,614	0,011	0,592	0,637

La **tabla LII** resumen los valores obtenidos para las bandas electroencefalográficas, y la **tabla LIII** los valores obtenidos para los canales.

Tabla LIII: valores de los pares de canales obtenidos para los perros sanos agrupados según el comportamiento obtenidos por ADEVA.

Posición	**Agrupación de canales**	**Media**	**Error Estándar**	**Intervalo de confianza 95%**	
				Límite Menor	Límite Mayor
Dorsales	O-P	0,845	0,018	0,810	0,880
	O-F	0,633	0,018	0,598	0,668
	O-Fp	0,552	0,018	0,517	0,588
Halo	Fp-T	0,482	0,018	0,446	0,517
	T-O	0,563	0,018	0,528	0,599

Ref.: $\bar{x}$ ± ESM.

Los **gráficos 27 y 28** muestran el comportamiento de la coherencia por bandas para las diferentes agrupaciones de canales.

Gráfico 27: El gráfico de barras muestra los valores del espectro de coherencia para los canales del grupo Halo en perros sanos según ADEVA.

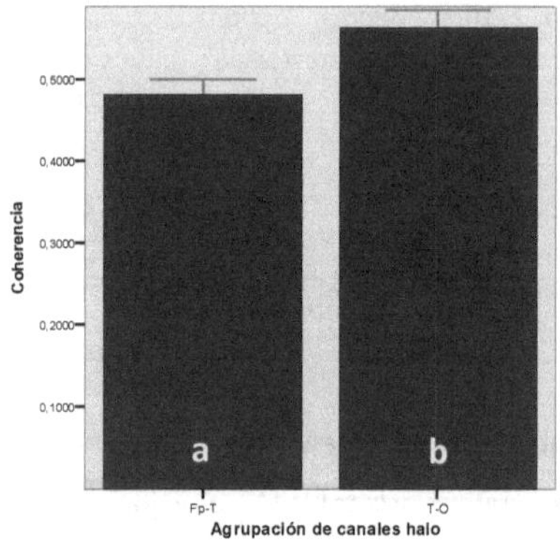

Las barras muestran el valor de la media, y las líneas el error estándar de la media. Las letras indican diferencias significativas entre los canales.

Gráfico 28: El gráfico de barras muestra los valores del espectro de coherencia para los canales del grupo dorsal en perros sanos según ADEVA.

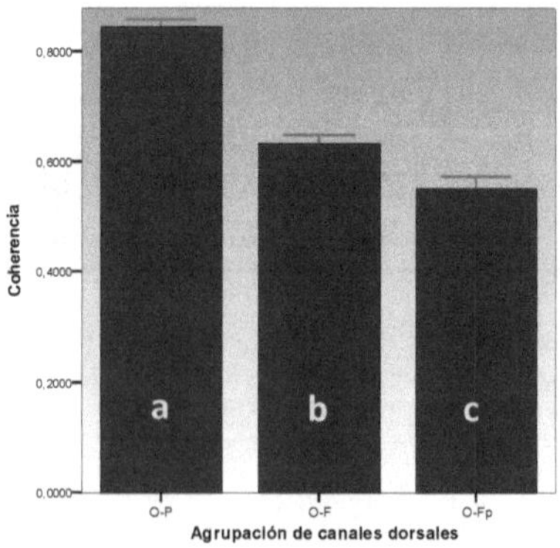

Las barras muestran el valor de la media, y las líneas el error estándar de la media. Las letras indican los canales que tienen comportamiento similar.

6.2.4.2. *Perros epilépticos idiopáticos*

El análisis de coherencia por bandas permite observar que en los perros epilépticos idiopáticos los canales dorsales de ambos hemisferios presentan valores mayores a 0,6, mientras que en los canales halo los valores siempre son inferiores a 0,6. **(Ver tabla LIV)**

Tabla LIV: valores promedio de las bandas electroencefalográficas alpha y theta obtenidos para perros epilépticos idiopáticos.

LADO	CANALES	BANDA THETA	BANDA ALPHA
Hemisferio Izquierdo	O_1-P_3	0,91 ± 0,0073	0,92 ± 0,0069
	O_1-F_3	0,72 ± 0,0202	0,75 ± 0,0158
	O_1-Fp_1	0,60 ± 0,0226	0,66 ± 0,0191
	Fp_1-T_3	0,41 ± 0,0262	0,44 ± 0,0186
	T_3-O_1	0,56 ± 0,0422	0,54 ± 0,0337
Hemisferio derecho	O_2-P_2	0,91 ± 0,0080	0,91 ± 0,0083
	O_2-F_4	0,71 ± 0,0247	0,75 ± 0,0203
	O_2-Fp_2	0,61 ± 0,0252	0,64 ± 0,0238
	Fp_2-T_4	0,41 ± 0,0308	0,41 ± 0,0258
	T_4-O_2	0,52 ± 0,0314	0,48 ± 0,0345

Ref.: $\bar{x}$ ± ESM.

6.2.4.3. *Comparación entre perros sanos Vs perros epilépticos idiopáticos*

En el análisis de la coherencia intrahemisférica por banda de frecuencia hallamos significación en la interacción estado x canal (F: 20,567; p: <0,001). No hemos encontrado significación en la interacción entre estado x banda x canal

(F: 0,453; p: 0,697), tampoco entre estado x banda (F: 0,015; p: 0,904) o en canal x banda (F: 0,756; p: 0,508). **(Ver tabla LV)**

Tabla LV: la tabla muestra los valores del análisis de varianza obtenido para el promedio de las bandas electroencefalográficas para canales intrahemisféricos

Efectos Evaluados		Grados de Libertad	Cuadrado Medio	F	Significación.
CANALES	Esfericidad asumida	4	5.111	402.127	<0.001
	Épsilon	2.728	7.495	402.127	<0.001
ESTADO		1	0.055	4.410	0.037
BANDA		1	0.002	0.170	0.680
ESTADO * BANDA		1	0.000	0.015	0.904
CANALES * ESTADO	Esfericidad asumida	4	0.261	20.567	<0.001
	Épsilon	2.728	0.383	20.567	<0.001
CANALES * BANDA	Esfericidad asumida	4	0.010	0.756	0.554
	Épsilon	2.728	0.014	0.756	0.508
CANALES * ESTADO * BANDA	Esfericidad asumida	4	0.006	0.453	0.770
	Épsilon	2.728	0.008	0.453	0.697
Error (CANALES)	Esfericidad asumida	752	0.013		
	Épsilon	512.788	0.019		

El ADEVA para la comparación de medias del PPC se realizó teniendo en cuenta los valores de grados de libertad correspondientes y se calculó además con la corrección dada por el valor de ε= 0,682.

Los contrastes para las diferencias de media muestran que no existen diferencia entre los canales halo (F: 1,345; p: 0,248). Sin embargo su valor de coherencia es menor que el de los canales dorsales. **(Ver tabla LVI)**

En el **gráfico 29 y 30** puede observarse que los valores de coherencia de los canales dorsales en los animales epilépticos presentan siempre valores de media por encima de 0,6 (O-P: $\bar{X}$ 0,92; O-F: $\bar{X}$ 0,74; O-Fp: $\bar{X}$ 0,63); mientras que los canales Halo presentan valores de coherencia cuyo promedio se encuentre por debajo de 0,6 (Fp-T: $\bar{X}$ 0,422; T-O: $\bar{X}$ 0,532)

Llama la atención que en los canales Fp-T se observa una inversión significativa (F: 7,27; p: 0,076) de los valores de coherencia en los perros epilépticos respecto a los sanos. En los mencionados canales la coherencia es menor (hipocoherencia) en los epilépticos que en los sanos, mientras que en los canales dorsales los valores de coherencia son significativamente mayores (hipercoherencia) en los perros epilépticos idiopáticos **(Ver tabla LVII)**

Tabla LVI: la tabla muestra los valores obtenido para los contrastes simples realizados entre los promedio de las bandas electroencefalográficas para los canales intrahemisféricos

Efecto	Contrastes	F	Significación
CANAL* ESTADO	T-O Vs O-P	12,643	<0,001
	T-O Vs O-F	25,925	<0,001
	T-O Vs O-Fp	13,964	<0,001
	T-O Vs Fp-T	1,345	0,248

Tabla LVII: valores obtenidos para perros sanos y perros epilépticos idiopáticos por canales para los valores del análisis de coherencia cerebral intrahemisférica por banda electroencefalográfica.

Banda electroencefalográfica		Estado	Canales				
			O-P	O-F	O-Fp	Fp-T	T-O
	Banda Alpha	Perros sanos	0,921 ± 0,005	0,727 ± 0,015	0,625 ± 0,016	0.476 ± 0.027	0.546 ± 0.030
		Perros epilépticos	0,846 ± 0,018	0,634 ± 0,021	0,560 ± 0,027	0.428 ± 0.019	0.519 ± 0.024
	Banda Theta	Perros sanos	0,916 ± 0,005	0,750 ± 0,013	0,638 ± 0,016	0.487 ± 0.023	0.580 ± 0.028
		Perros epilépticos	0,843 ± 0,019	0,631 ± 0,024	0,544 ± 0,029	0.416 ± 0.016	0.544 ± 0.026

Ref.: $\bar{X}$ ±

En síntesis, el análisis del espectro de coherencia por bandas nos indica que los canales dorsales de los perros epilépticos idiopáticos presentan un valor mayor que los canales dorsales de los perros sanos. Los canales Fp-T de los perro epilépticos idiopáticos presentan un valor menor que en los perros sanos.

Gráfico 29: El gráfico de barras muestra los valores del espectro de coherencia cerebral discriminado por banda electroencefalográfica y canal intrahemisférico en perros sanos y perros epilépticos idiopáticos

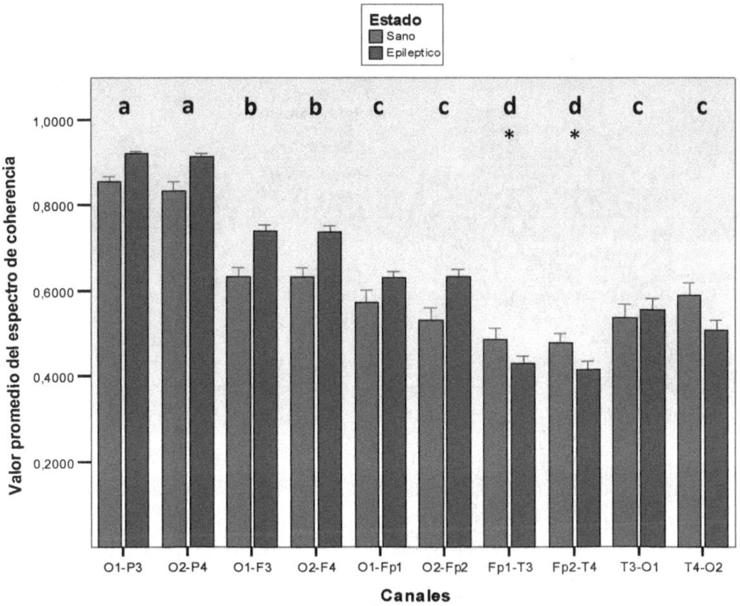

Las barras indican la media y las líneas el error estándar de la media. El test de ADEVA indica la existencia diferencia entre canales (F: 26,84; p:<0,001). Las letras indican diferencias en el valor de la media en los grupos. Los asteriscos indican el sitio de la interacción.

Gráfico 30: El Gráfico de barras muestra los valores del espectro de coherencia cerebral discriminado por banda electroencefalográfica y canal intrahemisférico en perros sanos y perros epilépticos idiopáticos.

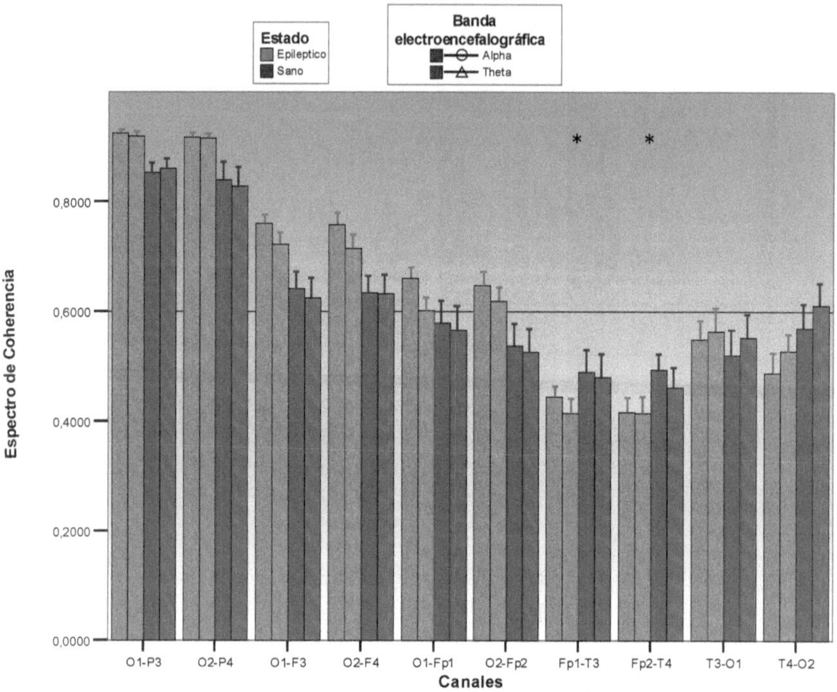

Las barras indican la media y las líneas el error estándar de la media El test de ADEVA indica la existencia de interacción (f: 20,56; p: < 0,001). Los asteriscos indican el sitio donde se produce la interacción.

El **gráfico 31** muestra el comportamiento general de la coherencia agrupado por pares de canales

Gráfico 31: El Gráfico de barras muestra los valores del espectro de coherencia cerebral discriminado por agrupación de canales intrahemisféricos en perros sanos y perros epilépticos idiopáticos.

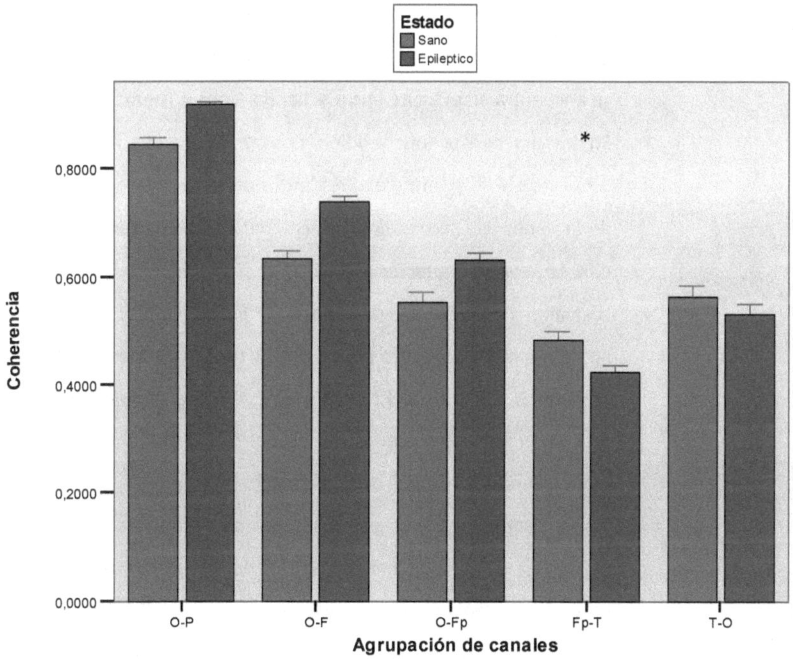

Las barras indican la media y las líneas el error estándar de la media El test de ADEVA indica la existencia de interacción (f: 20,56; p: < 0,001). El asterisco indica el sitio donde se produce la interacción.

6.3. Resumen de los resultados

Finalmente haremos una síntesis de los resultados obtenidos:

✓ **Coherencia cerebral interhemisférica**

- En ambos grupos de perros el análisis de coherencia cerebral muestra un comportamiento diferente entre los ***canales temporales*** y los ***canales dorsales***. En los primeros la frecuencia a la que se presenta el PPC es siempre menor que en los D. En los ***canales temporales*** la frecuencia a la que se da la armónica de mayor potencia ocurre dentro de los límites de la banda electroencefalográfica Theta; en tanto que en los ***canales dorsales*** se encuentra en el límite entre la banda Alpha y Theta.
- En los perros epilépticos idiopáticos la frecuencia a la que se presenta el PPC siempre ocurre dentro del espectro de frecuencias de la banda electroencefalográfica Theta (***canales temporales***: $\bar{x}$ 4,06 Hz; ***canales dorsales*** $\bar{x}$ 5,65).
- Los valores del espectro de coherencia de los ***canales temporales*** son siempre bajos, tanto en los perros sanos como en los perros epilépticos idiopáticos ($\bar{x}$ 0,59 y $\bar{x}$ 0,47). Los ***canales dorsales*** presentan valores elevados del espectro de coherencia (> 0,80) que varían de acuerdo al canal evaluado.
- Tanto los perros sanos como los perros epilépticos idiopáticos presentan un comportamiento similar en los valores del espectro de fase. Los ***canales temporales*** siempre poseen elevados valores del espectro de fase que permiten inferir la existencia de una generación y modulación local de la señal. En el caso de los ***canales dorsales*** los bajos valores del espectro de fase sugiere la presencia de una distribución cortico-cortical.

✓ **Coherencia cerebral Intrahemisférica**

- La situación que se presenta en el análisis intrahemisférico es similar al descrito anteriormente. Tanto en los perros sanos como en los perros epilépticos idiopáticos el análisis de coherencia cerebral muestra dos grupos de canales. Los ***canales dorsales*** y los ***canales halo.*** En los ***canales dorsales*** la frecuencia a la que se da la armónica de mayor potencia ocurre dentro en el límite entre la banda Alpha y Theta; en tanto que en los ***canales halo*** se encuentra de los límites de la banda electroencefalográfica Theta.
- En los perros epilépticos idiopáticos la frecuencia a la que se presenta el PPC siempre ocurre dentro del espectro de frecuencias de la banda electroencefalográfica Theta (***canales dorsales***: $\bar{x}$ 5,86*;* ***canales halo***: $\bar{x}$ 4,35 Hz).
- Los valores del espectro de coherencia de los ***canales dorsales*** son más bajos en los perros sanos que en los perros epilépticos idiopáticos ($\bar{x}$ 0,77 y $\bar{x}$ 0,82 respectivamente). Los ***canales halo*** presentan valores del espectro de coherencia más elevados en los perros sanos que en los epilépticos idiopáticos ($\bar{x}$ 0,64 y 0,55 respectivamente) que varían de acuerdo al canal evaluado.
- Tanto los perros sanos como los perros epilépticos idiopáticos presentan un comportamiento similar en los valores del espectro de fase. Los ***canales dorsales*** ($\bar{x}$ 5,10 ms. y $\bar{x}$ 3,82 ms. respectivamente). presentan siempre bajos valores de espectro de fase. Mientras que en el caso de los ***canales halo*** presentan elevados valores del espectro de fase ($\bar{x}$ 13,10 ms. y $\bar{x}$ 20,64 ms. respectivamente)

Para los valores de coherencia obtenidos para el promedio de las bandas electroencefalográficas alpha y theta los valores obtenidos indican que:

- ✓ **En el análisis interhemisférico**:
  - ⇒ valores elevados de coherencia que indican simetría adecuada en los ***canales dorsales*** tanto en los perros sanos como en los epilépticos idiopático.
  - ⇒ valores bajos de coherencia que indican una gran asimetría de la señal en los ***canales temporales*** tanto en los perros sanos como en los epilépticos idiopático.
- ✓ **En el análisis intrahemisférico**:
  - ⇒ valores de coherencia mayores a 0,5 en los ***canales dorsales*** tanto en los perros sanos como en los epilépticos idiopático.
  - ⇒ valores de coherencia menores a 0,5 en los ***canales halo*** tanto en los perros sanos como en los epilépticos idiopático

Discusión

El sistema de registro de la actividad eléctrica cerebral fue desarrollado por Berger en 1929 (Berger, H. 1929), pero no fue hasta la década de los '40 que comenzó a utilizarse de modo rutinario en gran número de pacientes (Niedermeyer E. 2005).

A partir de la década del '30 el EEG alcanzó su máximo esplendor, mostrándose como una herramienta eficaz en el diagnóstico de la epilepsia. Hacia fines de los '60 y principios de los '70 la aparición de las técnicas de imagenología modernas opacaron la utilización del EEG como herramienta diagnóstica. A partir de allí los electroencefalografistas han cambiado su mirada sobre el EEG, tendiendo a realizar un análisis objetivo del mismo.

El avance de la tecnología permitió la digitalización del EEG. De este modo, la señal pudo almacenarse como el valor numérico de la diferencia de potencial entre cada electrodo y una referencia que se considera neutra.

Las nuevas técnicas de procesamiento matemático han permitido una mejor comprensión de las bases neurofisiológicas del EEG y es de suponer que su futuro desarrollo lleve a aumentarla de modo significativo.

Uno de los análisis que utiliza la FFT como algoritmo base es el estudio de coherencia. La coherencia ha sido definida como la tendencia de las señales eléctricas (tales como las del EEG) de aumentar y decaer en sincronía. Se calcula generalmente para un valor de frecuencia determinado, y es medida entre 2 canales (Riquelme 1995; Roy John, E. and Prichep, L.S. 1995). Desde el punto de vista práctico, se interpreta como una forma de medir la semejanza entre 2 señales: valores por encima de 0.65 indicarían una fuerte semejanza, lo que refleja el acoplamiento funcional interregional, que depende en su gran mayoría de las conexiones estructurales entre las áreas estudiadas. Se supone que el sustrato electrofisiológico sería la presencia de un generador común para la armónica presente en ambos canales (el PPC). El espectro de fase nos permite conocer que tan desfasadas (corridas en el tiempo) se hallan las armónicas en común.

7.1. Análisis de la coherencia cerebral interhemisférica

7.1.1. *Análisis de la coherencia cerebral interhemisférica en perros sanos*

El estudio de la coherencia interhemisférica en base al PPC permite distinguir claramente 2 grupos de canales: *los canales dorsales* (D), integrados por los pares de electrodos O-P-F-Fp; y *los canales temporales* (T), integrados por los pares de electrodos temporales.

A) Electrodos temporales:

Los electrodos temporales permiten registrar información proveniente de la neocorteza del área temporal, del arquipalio y del paleopalio (Pellegrino, F. C. and Sica, R; 2004). El valor promedio hallado para la frecuencia del PPC en los canales T es de 5.25 Hz, que lo incluye en la banda theta. Otros investigadores (Arnolds, D.E. y col 1979a, 1979b, 1979c, Buzsaki G. 2002, Holsheimer, J. y col 1983; Kiss, T y col 2001; Lopes da Silva, F.H. and Kamp, A. 1969, Lopes da Silva, F.H. y col. 1990), han mostrado que el ritmo característico de la corteza hipocampal y de otras áreas corticales límbicas (corteza cingular, corteza entorrinal, corteza del giro dentado y complejo subicular) se encuentra entre los 4-7 Hz, y lo han denominado ritmo theta hipocampal o actividad rítmica lenta (RSA -rhythmic slow activity-).

Los valores del espectro de coherencia ($\bar{x}$ 0.59) obtenidos de la señal adquirida entre los electrodos temporales para un PPC de 5,25 Hz, reflejarían que cada hipocampo genera su propia señal eléctrica (el SRA). Los valores del espectro de fase calculados para dichos canales ($\bar{x}$ 13,4 ms) indican que la información vehiculizada por los axones comisurales sufriría una modulación que altera la diseminación de la señal desde un hipocampo hasta su homónimo contralateral.

El valor del promedio de la coherencia interhemisférica para la banda θ ($\bar{x}$ 0.44) en los canales T nos permite inferir que durante la adquisición del EEG (momento en el que el animal se encuentra en un ambiente relajado, sin realizar actividad motora y con bajo nivel de estímulos externos) las estructuras representadas por el área de cobertura de estos electrodos no se encuentran funcionalmente conectadas, o no reciben las mismas aferencias eléctricas neuronales.

En este sentido, se ha sugerido que el sustrato anatómico del origen del ritmo θ se halla en la corteza hipocampal. Los dipolos generadores de este ritmo se encuentran en el hipocampo (neuronas piramidales de CA1) y en las neuronas granulares del giro dentado, aunque su actividad depende de la porción septal del rinencéfalo, que actúa como marcapaso del RSA (Kahana, Michael J y col 2001; King, C. y col. 1998; Vertes R.P y col 2004; Vertes R. P. and Kocsis, B. 1997; Wang , Xiao-Jing. 2002).

Muchos estudios han establecido que las descargas rítmicas de las neuronas ubicadas en la porción medial del núcleo septal medial [SM] y en la extremidad vertical del núcleo de la banda diagonal de Brocca [BDB] presentan actividad eléctrica sincrónica con la aparición del ritmo theta, y son responsables de su generación en la formación hipocampal (Arnolds, D.E. y col 1979 a, Holsheimer, J.y col 1983; Lopes da Silva, F.H. y col 1990; Vertes R. P. and Kocsis, B. 1997. Vertes R.P. y col 2004). De hecho, las lesiones que producen una disrupción en las descargas rítmicas del SM y de la BDB eliminan la actividad theta, tanto en la formación hipocampal como en otras estructuras parahipocampales (corteza cingular, corteza entorrinal, corteza del giro dentado y complejo subicular). En vista de estos hallazgos, el SM y la BDB han sido designados los "marcapasos" para el ritmo theta. Las conexiones septo-hipocampales de estos núcleos representan la mayor aferencia subcortical al hipocampo, y constituyen dos de las mayores proyecciones colinérgicas y GABAérgicas (Amaral D. G. and Kurz J. 1985; Baisden R. H. y col. 1984; Bialowas J. and Frotscher M. 1987; Brashear H. R. y col. 1986; Fischer, Yacov. 2003; Freund T. F. 1989; Gritti I. y col. 1993.; Kiss J. y col. 1990 a,1990 b; Kohler C. y col. 1984; Linke R. y col. 1994;

Mesulam M.-M. y col. 1983; Nyakas C., Luiten P. G. y col. 1987). Está aceptado que el circuito marcapasos se basa en descargas coordinadas de este sistema de proyección (Kocsis, B. y col. 1999). Vertes (1997) propone un modelo de circuito en el que las proyecciones colinérgicas actuarían sobre las neuronas piramidales y sobre interneuronas del hipocampo, mientras que las proyecciones GABAérgicas lo harían solamente sobre las interneuronas. La acción coordinada de las neuronas colinérgicas y GABAérgicas del SM y de la BDB (excitación colinérgica y desinhibición GABAérgica) producirían una potente excitación sobre las neuronas piramidales de la formación hipocámpica, imponiendo un ritmo coordinado sobre sus estructuras blanco. (Vertes R. P. and Kocsis, B. 1997, Vertes Robert P. y col. 2004, Wang, Xiao-Jing. 2002). **(ver figura 18)**

Por otro lado existe evidencia que demuestra que al impedir la influencia del marcapasos septal sobre el hipocampo se produce una disminución de la amplitud del ritmo theta, lo que llevó a pensar en la existencia de influencias extra septales en la generación de dicho ritmo. En la organización microanatómica clásica de la formación hipocámpica se describe una vía excitatoria [haz perforante] cuyo origen se sitúa en las capas II y III de la corteza entorrinal [CE] (Kocsis, Bernat y col. 1999). Esta vía se distribuye hacia las neuronas piramidales de las áreas CA1, CA3, las neuronas granulares del giro dentado y las neuronas del subículum, desde donde sus axones regresan hacia las capas más profundas de la CE (capas IV y V). (Ramon y Cajal S 1899, Lopes da Silva, F.H y col. 1990.). A su vez, la CE se encuentra conectada en forma bidireccional a otras áreas del neocórtex (Van Hoesen G.W. and Pandya D.N. 1975). Para algunos autores este último circuito estaría involucrado de manera muy importante en la generación del ritmo theta hipocampal. (Buzsaki G y col. 1983; Lopes da Silva, F.H y col. 1990). Utilizando el análisis de coherencia parcial, Kocsis y col. (1999) han hallado que la vía perforante tiene efecto sobre la generación de una señal ubicada dentro del rango Theta, de elevada coherencia e idéntico espectro de fase entre registros obtenidos de la fisura hipocampal y el estrato oriens del hipocampo, pero diferente espectro de fase que la señal generada por el marcapaso septal. Al producir una lesión de esta vía [perforante] se produce una sincronización (de coherencia y fase) entre la señal del marcapasos septal y la región de la fisura hipocampal (Kocsis, B. y col. 1999).

Figura 18: Modelo de la interacción septohipocampal en la generación del ritmo theta en la región CA1 de hipocampo. Este modelo está basado en la presencia de neuronas GABAérgicas (GABA) y colinérgicas (ACh), ubicadas en la región medial del septum (SM/BDB). Las descargas de las neuronas GABAérgicas terminan en interneuronas inhibitorias del hipocampo (GABAergicas). Las neuronas ACh estimulan a las neuronas piramidales de CA1 (NP) [sinapsis blancas] e inhiben a las interneuronas G ABAérgicas [sinapsis negras]. A) Durante la fase excitatoria se produce una acción coordinada de las neuronas se ptales provocando una fuerte excitación sobre NP que se traduce en despolarización de la membrana celular por la activación de grandes corrientes de Na^+ y la presencia de descargas de potenciales de acción (ver trazados en la parte superior). B) Durante la fase de inhibición las neuronas del septum no se encuentran activadas y como consecuenc ia no hay activación de las NP ni inhibición de la interneurona GABAérgica. Como resultado se produce una hiperpolarización de la membrana de NP con bloqueo del los potenciales de acción (ver trazados en la parte superior). La alternancia de estas dos fases de descarga de las neuronas del septum medial dan origen a las corrientes de iones que originan la oscilación dentro del rango theta (Vertes R. P. and Kocsis, B. 1997)

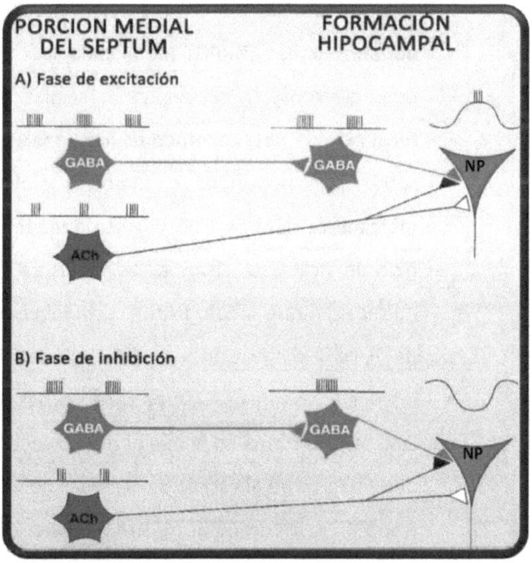

Los mismos autores reconocen otro generador theta (al que llaman oscilador intrahipocampal) entre la capa radiada de la región CA1 del hipocampo y la capa molecular del giro dentado. Dicha señal estaría regulada por la actividad de las neuronas de la región CA3 y las fibras trepadoras del giro dentado, que a su vez reciben aferencias provenientes del SM y de la BDB (Kocsis, B. y col. 1999).

Es importante señalar que en la generación del ritmo theta existen evidencias experimentales acerca de la existencia de una vía retículoseptal que conduce impulsos desde la formación reticular del tronco encefálico hacia el marcapaso septal responsable del RSA hipocampal. (Vertes R. P. and Kocsis, B. 1997; Vertes Robert P. y col. 2004).

Se han hallado varios núcleos del tronco encefálico que se encuentran vinculados directa o indirectamente con las estructuras marcapasos del ritmo theta, como el núcleo supramamilar [NS] del diencéfalo y el núcleo hipotalámico posterior [NHP]. Estos núcleos, sobre todo el NS, reciben un gran número de axones que llegan desde núcleos reticulares pontinos orales [NRPO] modulando la actividad eléctrica de estas neuronas. A su vez, estas células afectan la dinámica funcional de los generadores neuronales de forma directa sobre el hipocampo, o indirecta (sobre las estructuras marcapasos [SM y BDB]), sincronizando la actividad theta hipocámpica. Este sistema, originado en los NRPO y en los núcleos del rafe medio [NRM], está influenciado por el estado de vigilia y motivación y modularía la actividad marcapaso de los núcleos septales, sincronizando o desincronizando el SRA. Esta sería la forma en la que el tronco encefálico, a través de la influencia sobre el estado de las redes neuronales, modularía el ritmo theta hipocampal. (Vertes R. P. and Kocsis, B. 1997; Vertes Robert P. y col. 2004).

Lo mencionado hasta aquí deja en claro la existencia de múltiples elementos que influyen en la generación local y modulación de la señal eléctrica del ritmo theta. Es decir la señal eléctrica se origina de las células de la corteza hipocampal, pero dichas estructuras es encuentran influenciadas por la presencia de un gran número de estructuras (corticales y no corticales) que deben funcionar correctamente para la normal aparición de la actividad eléctrica theta.

El ritmo theta puede presentar varios papeles a nivel del funcionamiento de las redes neuronales. En primer lugar, y debido a que las propiedades intrínsecas del resonador Hipocampo-Haz perforante hacen que las neuronas del hipocampo se encuentren "sintonizadas" en la frecuencia theta, hace posible que se requiera menos energía por parte de las vías aferentes para lograr activar la red neuronal hipocampal (Alonso, A. and Llinas R, R. 1989). En segundo lugar, y debido a las características propias de la actividad theta que incrementa la relación *señal neuronal /ruido*, se mantiene en un estado de "silencio" a la mayor cantidad de neuronas piramidales, conservando el voltaje por debajo, pero muy cercano al punto de disparo del potencial de acción. Como consecuencia de esta fluctuación en la excitabilidad neuronal, se ve sustancialmente aumentada la probabilidad de que unas pocas neuronas aferentes, provenientes de la corteza entorrinal, del SM y de la BDB o las fibras musgosas de las células granulares, sean capaces de activar y sincronizar grupos neuronales distantes o grupos neuronales que no se encuentren interconectados. (O'Keefe J. and Recce M.L. 1993).

Estas evidencias sustentan nuestros hallazgos que indican que en el área de los territorios límbicos la señal más importante es la correspondiente a las frecuencias 4-7 Hz, correspondiente

a la banda theta. La teoría de la generación local (en cada hipocampo) del ritmo SRA, y el dominio espacial de dicha señal en el territorio límbico, se ven reafirmados por los bajos valores de coherencia y los elevados valores del espectro de fase que presentan dichos canales.

Los resultados obtenidos en este estudio en relación al espectro de coherencia y de fase sugieren que la vía comisural no representaría un sistema efectivo de transmisión de la señal eléctrica dentro del rango theta en su camino hacia el otro hemisferio. La actividad eléctrica sufriría una modulación que hace que la señal no se distribuya eficientemente hacia las regiones homólogas contralaterales. Algunos trabajos indican la importancia del fórnix como vía de retroalimentación en la regulación del ritmo theta a partir de otras estructuras (Pan, Wei-Xing and Mc Naughton, Neil. 2004). En este caso la modulación estaría a cargo de un sistema neuronal conformado por estructuras subcorticales (centroencefálicas) entre los que podrían jugar un rol importante los núcleos de la formación reticular (Vertes R. P. and Kocsis, B. 1997., Vertes Robert P. y col 2004), el hipotálamo u otras regiones relacionada a la áreas donde finalizan los pilares del fornix (Ammassari-Teule, M. y col. 1991).

B) Electrodos dorsales:

Los electrodos D registran información eléctrica fundamentalmente de la neocorteza dorsal (Pellegrino, F. C., 2000, 2003 b; Pellegrino, F. C. and Sica, R; 2004). El PPC para este grupo de canales se presenta a una frecuencia de 7.62 Hz, que lo sitúa entre las banda theta y alpha (4 a 7 Hz y 8 a 13 Hz, respectivamente). En realidad, este valor del PPC podría interpretarse matemáticamente como de 7 u 8 Hz, ya que las bandas electroencefalográficas se encuentran definidas para valores enteros de frecuencia. De este modo, el PPC de los canales dorsales podría incluirse en una u otra banda de frecuencia. Este hecho podría indicar: **(a)** la presencia de un PPC centrado en 7,5 Hz. que, al dispersarse hacia los valores de frecuencia vecinos, se desparrama en forma simétrica entre las bandas electroencefalográficas theta y alpha. Si así fuera, al tomar los datos de coherencia por banda estaríamos midiendo el fenómeno en los 2 lados del área bajo la curva que se forma en torno a ese PPC. Este hecho indicaría la presencia en los perros de un ritmo alpha de distinto rango frecuencial al de los humanos, con su valor inferior ubicado entre los 7 a 7.5 Hz; **(b)** la coexistencia de 2 ritmos electroencefalográficos simultáneos (theta y alpha), sin que ninguno de ellos se constituya en el ritmo dominante, lo que concuerda con la descripción del espectro de potencia de la actividad de base descrito por otros autores (Pellegrino, F. C., 2000).

En cuanto a los valores del espectro de coherencia hallado para los canales dorsales por medio del análisis del PPC ($\bar{X}$ 0.91 ± 0.082) o a través del promedio para las bandas de frecuencia (que siempre es mayor o alrededor de 0.80), sus resultados permiten inferir que los sistemas de transmisión de la actividad eléctrica en las áreas corticales dorsales son altamente eficientes. El análisis de coherencia por bandas electroencefalográficas indica que la eficiencia es mayor para los canales O, P y F que para los canales Fp. El valor calculado del espectro de fase de los canales de este grupo ($\bar{X}$ 1.27 ± 0.12 ms) refuerzan la idea de la elevada eficiencia en la transmisión de la señal desde el sitio de origen hacia los diferentes puntos de la corteza.

La similitud que presentan los valores de coherencia para las bandas theta y alpha en los canales dorsales refuerza la idea de la coexistencia de dichos espectros de actividad eléctrica en los territorios de neocorteza dorsal.

Aunque el ritmo alpha fue descrito en el año 1929 por Hans Berger (Berger, H. 1929.) y representa uno de los fenómenos eléctricos mejor conocidos del EEG, en la actualidad todavía no se encuentra totalmente dilucidado su origen y su significancia normal.

Diferentes autores han comunicado que el ritmo alpha se genera en la corteza de la región occipital (Lopes da Silva, F. H. y col. 1973, Lopes da Silva, F. H. 1993, Lopes da Silva, F.H. y col. 1980., Steriade, M. 1993.). Esta señal estaría producida por un proceso estocástico (azaroso) que aparece como el resultado de las propiedades de filtro de las redes neuronales neocorticales ("filtro alpha"). Fisiológicamente este fenómeno ha sido interpretado como interneuronas inhibitorias que mediarían la selectividad de las descargas aleatorias que llegan a estas redes (Lopes da Silva, F. H. y col. 1973).

A su vez existen numerosos estudios realizados en animales (in vivo) como en tejidos (in vitro) (Andersen, P. and Andersson, S.A., 1968; Bazhenov, M. y col. 1999; Destexhe, A. y col. 1999; Lopes da Silva, F.H. y col. 1980.; Morison, R.S. and Bassett, D.L. 1945; Steriade, M., 2000.; Steriade, M. y col. 1991) , en humanos (Schreckenberger, Mathias y col. 2004) e inclusive trabajos con modelos de simulación computacional (Bazhenov y col. 1998 ; Suffczynski, P. y col. 2001) que indican el rol central del tálamo en la generación y modulación de la actividad alpha. Aunque durante un tiempo se mencionó que el tálamo podría funcionar como un marcapasos para el ritmo alpha (Basar, E. y col. 1997), fueron los trabajos de Lopes da Silva (Lopes da Silva, F.H. y col. 1980; Lopes da Silva, F. H. y col. 1973; Vos, J. E. y col. 1980) los que demostraron que este no era el caso (al menos en el sentido estricto que define a un marcapasos), ya que es posible registrar diferentes oscilaciones alpha con frecuencias ligeramente diferentes en ciertas áreas de la corteza cerebral. Esta señal aparece en pequeñas áreas corticales, que se han denominado "epicentros", desde donde la actividad alpha se "disemina" hacia diferentes áreas corticales (Van Rotterdam, A. y col. 1982). Sin embargo, este grupo de trabajo ha demostrado que ciertos núcleos talámicos tienen una influencia importante sobre la actividad alpha cortical.

Está comúnmente aceptado que la actividad rítmica alpha del cerebro es generada por una red neuronal en la que coexisten grupos de neuronas excitatorias e inhibitorias. (Andersen, P. and Andersson, S.A. 1968; Van Rotterdam, A. y col. 1982)

Los núcleos talámicos que muestran una fuerte influencia en la determinación de la actividad alpha son aquellos que presentan una estrecha relación con la corteza occipital (el núcleo del cuerpo geniculado lateral y el núcleo pulvinar). En ellos se ha logrado obtener registros de actividad alpha. Según los investigadores, dichos núcleos aportan una proporción del valor total de la señal que se obtiene en la corteza occipital, conformando el componente centroencefálico en la generación de la señal alpha. (Lopes da Silva, F.H. y col. 1980). En el año 2004, Schreckenberger y sus colaboradores publicaron un trabajo en el cual, combinando las técnicas de EEG y tomografía por emisión de positrones (PET del inglés Positron emission tomography) sugirieron que la relación funcional entre el tálamo y la corteza occipital y parietal respecto a la actividad alpha se encuentra mediada por un circuito corticotalámico, que es independiente de la aferencias sensoriales (Schreckenberger, M. y col. 2004). En los últimos años se ha propuesto que la interacción recíproca existente entre los núcleos laterales y los núcleos reticulares del tálamo podría jugar un rol central en el proceso de modulación de la actividad cortical alpha (Destexhe, A. y col. 1999; Steriade, M. 2001). Por último, se ha registrado actividad alpha en la sustancia reticular del tronco encefálico. Se desconoce la significancia funcional de este hallazgo, pero en general se interpreta en términos de la distribución de este ritmo hacia diferentes áreas del encéfalo. (Basar, E. y col. 1997)

Está comúnmente aceptado que el ritmo alpha representa un estado de relajación en vigilia sin procesamiento visual (con los ojos cerrados) (Schreckenberger, M. y col. 2004). Sin embargo, se ha hallado una oscilación entre 7– 14 Hz durante estados de sueño. La primera situación conforma, aparentemente, un estado de "puerta talámica" (Klimesch, W. y col. 2007; Sherman, S.M., 2001 b; Steriade, M. 1999) en la que se regulan las aferencias que llegan hacia la corteza cerebral. La segunda situación podría actuar como un "llamado a despertarse" (Sherman, S.M. 2001a) desde el tálamo a la corteza. En ambos casos la información llega al tálamo para hacer relevos, aunque la respuesta cortical es levemente diferente. Un tercer ritmo alpha fisiológico se observa en los registros de la región rolándica (en humanos) y se denomina ritmo Mu. Este ritmo presenta una oscilación de 8 a 13 Hz que se observa en los registros de los electrodos ubicados sobre la corteza somatomotora en sujetos en descanso; funcionalmente refleja el procesamiento sensoriomotor en la red neuronal frontoparietal. (Bhattacharya, J. K. y col. 2000; Pineda, Jaime A. 2005).

Toda estas evidencias sustentan nuestro hallazgos en relación a la existencia del ritmos α en la corteza cerebral dorsal.

Respecto a la existencia del RSA en áreas corticales dorsales, se ha sugerido la posibilidad que esa actividad sea transmitida por vía del volumen de conducción desde el hipocampo (Artemenko, D.P. 1978; Bland, B.M. and Whisha, I.Q. 1976; Green, J.D. and Arduini, A. 1954; Holmes, J.E.; and Adey, W.R. 1960; Le Moal, M. and Cardo, B. 1975; Petsche, H.C. and Stumpf, C. 1960; Robinson, T.E. 1980; Winson, J. 1974). Otros autores argumentan que el RSA neocortical es conducido por vía neuronal (Landfield, P.W. 1976, 1977; Landfield, P.W. y col. 1972), basándose en las proyecciones sobre el neopalio desde el giro cingular (circuito de Papez), desde la corteza periarquipalial del giro parahipocampal y desde el subículo (Barone, R. 1989; Lopes da Silva, F.H y col. 1990). Existe además suficiente evidencia fisiológica como para sostener que el RSA es generado localmente en la corteza cingular (Lopes da Silva, F.H y col. 1990), que está estrechamente conectada con la corteza visual occipital. Finalmente, se ha reportado que al suprimir el ritmo RSA hipocampal también se consigue abolir el RSA neocortical (Yamaguchy, Y. y col. 1967). Una observación interesante es que los núcleos talámicos anteriores que proyectan hacia las áreas límbicas reciben información que llega directamente desde la túnica nerviosa del globo ocular. De esta manera la neocorteza estaría recibiendo información de la retina por una ruta directa (la vía visual clásica) y por una vía indirecta, mediante las proyecciones de los núcleos anteriores del tálamo hacia el rinencéfalo, y desde este hacia la neocorteza a través de las conexiones del cíngulo y la corteza entorrinal (en donde también se ha registrado la existencia del ritmo alpha y del ritmo theta). De esta forma, la neocorteza recibe información visual de áreas corticales límbicas íntimamente relacionadas con el origen del rimo RSA. Es posible, entonces, que los dos ritmos (theta y alpha) coexistan en la neocorteza dorsal.

En nuestros trabajos no hemos podido obtener suficiente evidencia como para inclinarnos por alguna de las dos hipótesis planteadas: que en la corteza dorsal del perro coexisten en forma simultánea los ritmos theta y alpha sin que ninguno de ellos se constituye en el ritmo dominante; o bien que el ritmo alpha es el dominante y que su rango frecuencial es ligeramente inferior al que se presenta en humanos, tomando origen a partir de los 7 Hz. No obstante a ello, se presenta como una inquietud futura poder dilucidar si estos hallazgos reflejan alguna de las dos situaciones posibles.

En el caso de la neocorteza, como han mencionado otros autores, las principales vías de conexión interhemisférica la conforman las fibras comisurales del cuerpo calloso (Anghinah R. 2005; Kuks J. y col. 1987; Nielsen, T. y col. 1993; Pogarell, O. y col 2005). Sin embargo, los valores del espectro de fase podrían indicar que dicha distribución se lleva a cabo por diferentes vías neuronales. En este sentido los valores sugieren un posible origen o distribución centroencefálica de la señal, en la que el tálamo podría jugar un rol fundamental (Schreckenberger, M. y col. 2004; Lopes da Silva, F. H. y col. 1973).

Los resultados obtenidos en nuestro estudio en relación a la fisiología de los canales D sugieren que en los territorios neocorticales dorsales la señal más importante corresponde a una frecuencia promedio de 7,62 Hz, no pudiéndose incluir ni en la banda theta ni en la alpha (al menos tal como se definen las mismas para los humanos). Sin embargo esta señal presenta valores de coherencia y fase que indican características de redes neuronales con elevada asociación y sincronía. Aunque no hay evidencia concluyente, por los datos hallados y los antecedentes bibliográficos nos inclinamos a pensar en la existencia de un ritmo alpha de menor rango frecuencial en los caninos.

7.1.2. Análisis de la coherencia cerebral interhemisférica en caninos epilépticos idiopáticos

En los perros epilépticos idiopáticos hay una disminución en la frecuencia a la que se presenta el PPC en todos los canales evaluados. El valor promedio hallado en este grupo de perros es de 5,65 Hz.

El concepto fisiopatológico actual de la epilepsia idiopática se apoya en dos conceptos básicos: a) el llamado "estado difuso de ligera epileptogénesis –mild diffuse epileptogenic state-", que hace mención a las propiedades ictogénicas que presenta la corteza cerebral (Clemens, B. y col. 2007 b; Mc Cormick, D. A and Contreras D. 2001), y b) la interacción patológica tálamo-cortical (Clemens, B. y col. 2007), que es capaz de contribuir en la generalización secundaria, causando la sincronización y activación interhemisférica (Westbroock, G.L. 2000).

Respecto a las propiedades ictogénicas de la corteza cerebral existen múltiples factores que influyen en la capacidad epileptogénica de las neuronas corticales, que surgen como consecuencia de las características de la membrana celular, de la organización anatómica e histológica de la corteza cerebral y de los circuitos corticales. Los principales factores que intervienen son:

a) Un aumento en la conectividad sináptica recurrente de las vías excitatorias, la prevalencia de receptores NMDA (N-metil d-aspartato) y la presencia de sustancias que aumenten la conductancia de iones excitatorios (como el Na^{+}) (Engelborghs, S. y col. 2000; Stafstrom, Carl E. 2006.).
b) Un desbalance en las conexiones sinápticas inhibitorias. (Engelborghs, S. y col. 2000; Stafstrom, Carl E. 2006.).
c) La característica de ciertas sinapsis corticales de fortalecerse cuando son activadas en forma repetitiva (plasticidad sináptica). (Staley, Kevin and Dudek F. Edward. 2005; Leite J. y col. 2005)

Así como las propiedades celulares y la historia neuronal pueden promover la generación de descargas en las células piramidales, los mecanismos de interconexiones excitatorias corticales conforman un mecanismo que favorece la sincronización cortical para la iniciación del paroxismo (Mc Cormick, D. A and Contreras D. 2001, Schnitzler, A. and Gross, J. 2005, Stefan H. y col. 2006) **(Ver figura 19)**. De este modo, la combinación de las propiedades celulares relacionadas a la neuromodulación, la historia eléctrica reciente de la neurona cortical y los procesos de sincronización anormales en las redes neuronales pueden llevar a hacer que coincidan en el tiempo descargas excitatorias de células corticales, jugando un rol crucial en la generación de actividad epileptiforme. (Yuste, R. y col. 2005)

Diferentes autores han demostrado que la corteza cerebral es capaz de generar diferentes espectros frecuenciales de actividad eléctrica cortical en forma local a partir de pequeñas áreas. En estos estudios se ha demostrado que es posible obtener ritmos lentos y rápidos al alterar la interacción entre factores excitatorios e inhibitorios que actúan sobre las células corticales (Yuste, R. y col. 2005; Pitkänen, A. y col. 2007)

Figura 19: esquema de la organización de las neuronas en la corteza cerebral. En ella se observan los circuitos que participarían en la generación de ritmos corticales. Obsérvese la presencia de neuronas piramidales (componente excitatorio) en el interior de una red de interneuronas (componente inhibitorio).
La combinación de las conexiones recurrentes excitatorias y la presencia de componentes inhibitorios, junto a las propiedades intrínsecas de las neuronas, proveen un sustrato para la generación de actividad oscilatoria. Estas estructuras permiten sincronizar la actividad neuronal y son llamadas por algunos autores generadores de patrones centrales.

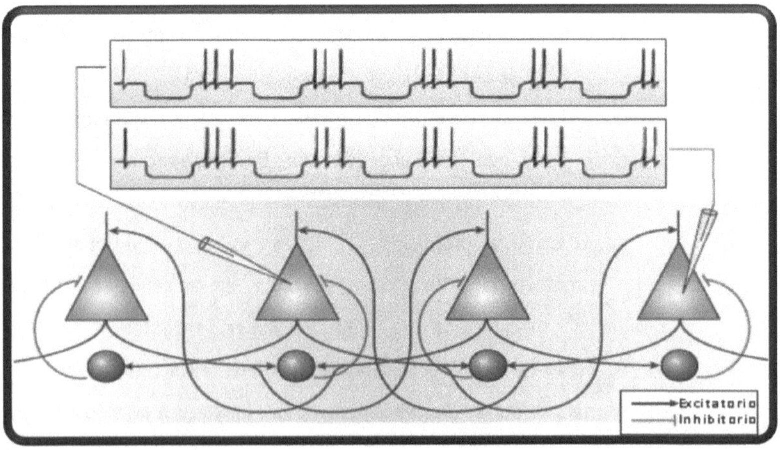

Fisiológicamente, dichas oscilaciones generan una gran prestación para el cerebro porque coordinan o "sincronizan" diferentes operaciones en las redes neuronales. El fenómeno de sincronización hace que cada una de las células que intervienen en la red esté lista para trabajar en forma simultánea [de la misma manera que un director de orquesta crea un orden temporal entre un gran número de instrumentos en una orquesta]. De esta manera, las células acopladas a esta oscilación son capaces de llegar a un estado de actividad determinado con menor esfuerzo. (Buzsáki, G. 2006)

Respecto al efecto que la "facilitación" de las sinapsis juega en la conducción eléctrica neuronal, existen evidencias que indican que en los procesos asociados con la potenciación a largo plazo (LTP – Long term potentiation-) la actividad eléctrica correspondiente a la frecuencia theta podría generar una despolarización suficientemente fuerte para influenciar los receptores NMDA, relacionados a dicho fenómeno sináptico tanto en el hipocampo como en la corteza cerebral (Buzsaki G. 2002; Fell J. y col. 2003; Kahana M.J. y col. 2001; Leite J.P. y col. 2005; Mizuhara H. and Yamaguchi Y. 2007; Vertes R.P.2005; Vertes R.P. y col. 2004;Yamaguchi Y. y col. 2004). Finalmente algunos autores sostienen que los cambios plásticos que se producen con las crisis epilépticas, tanto en animales como en humanos, pueden dar origen a la formación de cerebros anómalos (displásicos), que implican cambios potencialmente epileptógenos como alteraciones de la orientación y laminación de las neuronas corticales o alteraciones en la conformación de los receptores con modificaciones en las subunidades) (Moshé S.L. 2000).

En nuestro trabajo hemos encontrado que los perros epilépticos idiopáticos presentan un PPC con un valor de frecuencia que se

encuentra incluido dentro de la banda electroencefalográfica theta. Es posible que la frecuencia (más baja respecto al promedio de los animales sanos) que predomina en la actividad de base facilite el trazado de vías preferenciales de diseminación a las descargas generadas en el foco epiléptico. De este modo, al encontrar un estado de sincronización cortical que permite utilizar circuitos neuronales trazados en base a la facilitación, les resulta más sencillo a las descargas patológicas distribuirse hacia las diferentes áreas cerebrales o talámicas, reclutando y sincronizando un número mayor de neuronas, que finalmente provocan la crisis clínica.

A nivel de redes neuronales se ha demostrado que la actividad temporal y espacial entre áreas corticales y talámicas presenta una gran variabilidad, sugiriendo que el sistema de reverberancia talamocortical soporta un amplio rango de interacciones dinámicas que son necesarias para analizar información, realizar funciones cognitivas o programar actividad motora (Steriade, M. 2006). Diferentes estudios han confirmado la habilidad de las vías corticotalamicas para convertir la actividad talámica en un generador de ondas paroxísticas. (Mc Cormick, D. and Contreras D. 2001) Una oscilación tálamo-cortical patológica, de 3-6 cps. relacionada a corrientes de influjo de calcio, ha sido relacionada a las crisis de ausencia en humanos y en modelos animales (Clemens B. 2004; Huguenard J. R. 1999; Kostopoulos G.K. 2001).

Un hecho particular se ha descrito para las neuronas talámicas. Al fluctuar su potencial de reposo en ritmos lentos se convierten en neuronas marcapasos capaces de regir la actividad de otras neuronas, ya que ciertas características de membrana (aparentemente relacionadas a corrientes lentas de calcio) les permiten generar potenciales de acción espontáneos (Steriade, M. 2001; Soltesz I. and Crunelli, V. 1992). Aunque, en humanos, la importancia del tálamo en la diseminación interhemisférica no parece ser importante, estudios en animales revelan que dichas conexiones son una ruta importante para la generalización de la señal epileptógena. (Wada, J.A. 1991)

Nuestros hallazgos sugerirían que: 1) la actividad del foco epiléptico modificaría la actividad de base de todo el cerebro en forma permanente; y 2) que en la epilepsia idiopática, al igual que en otros trastornos cerebrales como el dolor neurogénico o el Parkinson, determinadas poblaciones neuronales podrían cambiar su patrón de actividad eléctrica, generando ritmos de frecuencia inferior a la que normalmente lo hacen, que son capaces de difundir hacia todo el cerebro en forma intra e interhemisférica. Estas células se han descrito a nivel talámico (Hughes S. y col. 2004; Llinas, R. R. y col. 1999) y a nivel cortical (Yuste, R. y col. 2005).

Respecto a la posible modificación en la actividad de base del cerebro por el foco epiléptico, Vanrumste y col. (2005) han reportado el hallazgo de ondas theta provenientes de focos epilépticos en niños con epilepsia focal. Estos autores hacen hincapié en la presencia de actividad lenta no epileptiforme proveniente de la misma región en donde se registra actividad epiléptica, y sugieren la posibilidad que esta actividad esté relacionada al proceso epiléptico subyacente (Vanrumste, B. y col. 2004).

Con el objetivo de describir la red neuronal que relaciona diferentes áreas corticales en individuos con crisis epilépticas que cantan o tararean durante la misma, Bartolomei y col. también han encontrado, asociado al episodio clínico, una armónica de ~6 Hz que acopla la actividad entre la región límbica medial del lóbulo temporal y la amígdala (Bartolomei, F. y col. 2002).

Respecto a la posibilidad de la aparición de poblaciones neuronales que oscilen a nuevos ritmos, J. Sarnthein y col. (2003) hallaron un estado en el que la actividad dentro de la banda θ difunde hacia todo el cerebro en relación a la red talamocortical, corticocortical y retículocortical en pacientes epilépticos. (Sarnthein J. y col. 2003). También se ha hallado en niños con crisis primarias "cortico-reticulares" actividad theta proveniente de la corteza parietal. (Doose, H. and Baier, W. 1988). Bela Clemens (2000, 2004 y 2010), ha indicado la presencia de actividad del rango θ homogéneamente distribuida en toda la corteza cerebral en pacientes humanos con crisis epilépticas generalizadas y/o parciales (Clemens. B. y col. 2000 y 2010; Clemens B. 2004).

En 1999, Llinas y col. reportaron la existencia de una oscilación lenta talámica ubicada dentro de la banda θ en pacientes con diferentes alteraciones neurológicas (Parkinson, dolor neurogénico, tínitus, epilepsia y desórdenes neuropsiquiátricos). En su trabajo describieron la existencia de un mecanismo común por el cual se ve afectada la red tálamo-cortical que, al oscilar a bajas frecuencias, permitiría que otras frecuencias corticales se diseminen por toda la corteza y den así origen a los síntomas característicos de cada alteración. Este singular efecto fue denominado *disrritmia tálamo-cortical* (Llinas, R. R. y col. 1999). En pacientes epilépticos, Sarnthein y col. (2003) descubrieron, elevados valores de coherencia entre las oscilaciones θ registradas en el EEG y los potenciales talámicos obtenidos localmente (Sarnthein J. y col. 2003). Posteriormente, en 2004, Huges y col. identificaron en cerebros de gato un grupo de neuronas talámicas capaces de generar oscilaciones tanto dentro del rango del ritmo α como del ritmo θ, de características similares a las que se obtienen en los registros EEGráficos (Hughes S. y col. 2004). La aparición de tales oscilaciones es dependiente de los receptores mGluR1a, ya que cambios en su activación se corresponden con cambios en la actividad, que pasa de α a θ y viceversa (Hughes S. y col. 2004). Finalmente, otros investigadores han hallado que las células del núcleo geniculado lateral que se hallan interconectadas por uniones estrechas son capaces de alternar actividad en forma espontánea, modificando su sincronización de fase para actuar como marcapasos independiente de cualquiera de los dos ritmos mencionados (Hughes S.W. and Crunelli V. 2007).

En nuestro trabajo hemos hallado que los perros epilépticos idiopáticos presentan un estado de hipercoherencia asociado a los canales D, mientras que los canales T muestran un estado de hipocoherencia respecto a los perros normales.

Recientemente se ha publicado que las oscilaciones talámicas de baja frecuencia podrían jugar un papel importante en la sincronización de redes neuronales que reciben aferencias desde estas estructuras (Soltesz, I. and Crunelli, V. 1992). Este fenómeno sería consecuencia que las neuronas, al oscilar a baja frecuencia, se mantienen en un estado de "silencio" con un valor de potencial de membrana próximo al punto de disparo del potencial de acción, por lo que las aferencias excitatorias encuentran terreno fértil para sumarse temporal y espacialmente (Buzsaky, G. 1996; O'Keefe J. and Recce M. 1993; Soltesz, I. and Crunelli, V. 1992). En los últimos años se han hallado evidencias que hacen hincapié en los patrones de distribución témporo-espacial de la actividad eléctrica como factor desencadenante en el establecimiento y desarrollo de los circuitos cerebrales. (Zhang Li I. and Poo M. 2001). Estos hallazgos podrían explicar el estado de hipercoherencia mencionado para los canales dorsales (obtenidos tanto por promedio de banda de frecuencia como por el método tradicional) ya que, como se ha sugerido en los perros sanos, la neocorteza parecería estar influida por actividad de la red talamocortical. **Esto indicaría que, en los perros epilépticos idiopáticos, se acentúa la susceptibilidad de la neocorteza en su totalidad.**

Respecto a los valores de hipocoherencia hallados para los canales T en los perros epilépticos idiopáticos (tanto para los valores de promedio de banda de frecuencia como para los valores obtenidos por medio del PPC), se sabe que una disminución de la coherencia entre dos regiones indicaría una disminución de sus conexiones funcionales. Este hecho sugiere una pérdida de la conectividad a nivel del fórnix hipocampal, variaciones en el origen de la señal, o la existencia de algún tipo de modulación que afecte la interacción entre las cortezas. **En los perros epilépticos idiopáticos ambos hipocampos acentúan sus característicos como generadores locales**. Este hecho refuerza los datos aportados por diferentes investigadores, que han postulado que la corteza del arquipalio presenta características epilpetogénicas intrínsecas, determinadas por la descarga de potenciales de acción durante el inicio de las crisis epilépticas y también durante períodos interictales (Azouz, R. y col. 1996; Brumberg, J.C. y col. 2000; Dichrer, M.A. and Ayala, G. F. 1987; Jensen, M.S y col. 1996; Mc Cormick, D. A and Contreras D. 2001; Traub, R.D. and Wong, R.K. 1982)

Sin embargo, algunos autores indican que la coherencia podría verse afectada por diversos factores que no tiene origen en la patología por si misma (como el nivel de atención, la referencia utilizada, registro con los ojos abiertos o cerrados), que actuarían generando un *"efecto confusión"* cuando se presentan de manera desigual en sujetos sanos y patológicos (Leocani, L. y Comi, G. 1999).

La metodología utilizada para el registro del EEG nos permite asegurar que todos los perros se encontraban en el mismo estado fisiológico durante la adquisición del trazado, por lo que ese factor de sesgo fue eliminado.

El hecho de no haber hallado diferencias significativas en el espectro de fase entre los perros sanos y los epilépticos idiopáticos sugiere que en ambos casos se está analizando la misma red funcional.

Además, el método de registro es estándar en cuento a referencias, y permite asegurar que todos los perros estuvieron en la misma condición fisiológica, y no hubo sesgo en cuanto al nivel de alerta y apertura de ojos.

7.2. Análisis de la coherencia cerebral intrahemisférica

7.2.1. Análisis de la coherencia cerebral intrahemisférica en perros sanos

En este estudio no hemos hallado diferencia en los valores de la coherencia intrahemisférica entre ambos hemisferios cerebrales. Este hecho indicaría que en los períodos de baja actividad atencional (como ocurre durante la adquisición del EEG en el perro) ambos hemisferios presentan una dinámica similar en lo que respecta a los generadores neuronales y al sistema de distribución de la señal analizada.

El análisis del espectro de potencia cruzada indica la existencia de una dinámica dual en la actividad cerebral intrahemisférica de los perros. Los canales que hemos denominado **"dorsales"** tienen un generador común cuya actividad se encuentra alrededor de los 7.58 Hz (7.27- 7.89 Hz). Los valores del espectro de coherencia ($\bar{X}$ 0.778 ± 0.013) y del espectro de fase ($\bar{X}$ 5.10 ± 0.88 ms) de los canales D **(ver gráfico 18)** sugieren la existencia de un generador centroencefálico común para la armónica a la que se presenta el PPC ($\bar{X}$ 7,58Hz) de esta región. En cambio, los canales que hemos denominado **"halo"** poseen un generador común diferente cuya actividad se centra alrededor de los 6.60 Hz. (6.30 - 6.95 Hz). El espectro de coherencia obtenido indica la presencia de un desigualdad leve para la señal en toda la región ($\bar{X}$ 0,62 para los canales Fp-T y $\bar{X}$ 0.66 para los canales T-O), lo que sugieren la presencia de un generador común para la actividad eléctrica a la que se presenta el PPC en la región en cuestión. Los valores del espectro de fase de estos electrodos ($\bar{X}$ 17,34 ms para los canales Fp-T y $\bar{X}$ 8,42 ms para los canales T-O) **(ver gráfico 16)** sugiere que la distribución de la señal se realiza mediante vías anatómicas distintas hacia rostral y hacia caudal, a partir del área de proyección de los electrodos T.

A) Electrodos halo:

La combinación de electrodos **halo** monitorea la actividad de la neocorteza de las áreas prefrontales (región dorso-lateral del giro prorreo), temporales (giro silviano y ectosilviano) y occipitales (región dorso-lateral del giro marginal y giro occipital). Los electrodos T registran además actividad evocada de la corteza arquipalial (hipocampo) y paleopalial (lóbulo piriforme). (Pellegrino, F. C.; 2000; Pellegrino, F. C. and Sica, R; 2004)

Se ha demostrado que el ritmo característico de la corteza hipocampal y de otras áreas corticales límbicas (corteza cingular, corteza entorrinal, corteza del giro dentado y complejo subicular) se encuentra entre los 4-7 Hz, y se ha denominado ritmo theta hipocampal o actividad rítmica lenta (RSA -rhythmic slow activity-) (Arnolds, D.E. y col. 1979 a, b y c; Holmes, J.E. and Adey, W.R. 1960; Lopes da Silva, F.H. y col. 1990; Winson, J. 1974).

Teniendo en cuenta que los electrodos temporales en los perros no sólo permiten monitorear información proveniente de la neocorteza del área temporal, sino que también registran la actividad evocada de ciertas regiones del hipocampo y del lóbulo piriforme (Pellegrino, F. C. 2000), es esperable que la armónica dominante en la agrupación de canales halo se ubique dentro del rango de la actividad theta.

Los valores de coherencia cerebral obtenidos en estos canales tanto para el PPC ($\bar{x}$ 0,64) como para el promedio de la banda electroencefalográfica (cercanos a los 0,5) indican que la señal analizada sufre algún tipo de modulación en su distribución desde las áreas de origen (la corteza hipocampal) hacia la áreas Fp y O.

Las conexiones anatómicas entre el hipocampo y la corteza prefrontal han sido estudiadas por diferentes autores desde Papez (1937) hasta la actualidad (Lopes da Silva, F.H y col. 1990; Papez, J.W., 1937; Pandya, D.N. and Seltzer, B. 1982; Room, P. y col. 1985; Vertes Robert P.

y col. 2004; Vogt, B. A. and Pandya, D. N. 1987). Recientemente se ha sugerido, en base al acoplamiento de fase, la existencia de asociaciones monosinápticas entre el hipocampo y las neuronas piramidales de la corteza prefrontal. Los valores comunicados en referencia al desfasaje de la información (alrededor de 20 ms) son semejantes a los que nosotros hemos encontrado entre los canales Fp y T (17,34 ms) (Ferino, F. y col. 1987; Jay, T. y col. 1992; Siapas, A.G. y col. 2005; Tierney, P. y col. 2004)

En relación a las conexiones témporo-occipitales, desde hace mucho tiempo se conoce la existencia del fascículo uncinado, uno de los tres fascículos de fibras largas de asociación que relacionan distintas áreas corticales de los hemisferios cerebrales (Barone, R. 1989; Nieuwenhuys R. and Ten Donkelaar H. J. 1998). A su vez, el área de la corteza visual no solo se encuentra conectada a la corteza retroesplenial del giro del cíngulo (Lopes da Silva, F.H. y col. 1990), sino también a la corteza del complejo subicular. En muchas especies se han descrito númerosas conexiones recíprocas entre el circuito hipocampo-entorrinal y las áreas sensoriales de la corteza, entre ellas la corteza de la región occipital. Dichas conexiones también podrían participar en la diseminación de la señal (Lopes da Silva, F.H. y col. 1990). Estas vías, teniendo en cuenta los valores del espectro de fase ($\bar{X}$ 8,66 ms), son más rápidas que las que se dirigen a la corteza orbitofrontal, y por ende podríamos suponer que emplean menor cantidad de conexiones sinápticas.

B) Electrodos dorsales:

Los electrodos **dorsales** monitorean la actividad de las regiones dorsales de los hemisferios cerebrales. En correspondencia con la posición de los electrodos, las principales áreas de proyección son la región dorso-lateral del giro prorreo (electrodos Fp), el giro precruzado (electrodo F), la región dorso-lateral del giro ectomarginal (electrodos P), el giro marginal y la región dorso-lateral del occipital (electrodos O) (Pellegrino, F. C. 2000; Pellegrino, F. and Etcheparebordа, M. 1997) **(ver figura 13)**

El grupo de electrodos dorsales presenta un valor de PPC entre 7,27 y 7,89 Hz ($\bar{x}$ 7,58Hz). Este valor, desde el punto de vista matemático, corresponde a las frecuencias de 7 u 8 Hz, ya que, como mencionamos anteriormente, las bandas electroencefalográficas se encuentran definidas para valores enteros de frecuencia. **Este fenómeno, de modo análogo a lo que hemos sugerido para la coherencia interhemisférica, podría interpretarse de dos maneras: a) que la frecuencia dominante se encuentra en el límite inferior de la banda alpha o en el límite superior de la banda theta; b) que en la neocorteza dorsal coexisten en forma simultánea ambos ritmos, sin que ninguno de ellos se constituya en la frecuencia dominante.** En el caso de la actividad intrahemisférica hay suficiente evidencia científica como para sustentar ambos postulados. Lopes Da Silva y col. han comunicado que el ritmo alpha se genera en la corteza de la región occipital (Lopes da Silva, F. H. y col. 1973 y 1980; Lopes da Silva, F.H. 1993; Steriade, M. 1993). Esta señal estaría generada por los circuitos corticales, y están influenciados por neuronas talámicas.

Por otra parte, hallazgos en humanos a partir de registros con electrodos intracraneanos indicarían que la actividad theta neocortical no solo es producto del efecto del volumen de conducción, sino que difunde en la corteza a través de conexiones intracerebrales. Incluso se ha observado que puede tener generadores neocorticales propios – por ejemplo durante el sueño REM- en la región del giro parahipocampal (Bódizs, R. y col. 2001).

Los valores del espectro de coherencia hallados para las diferentes combinaciones de canales dorsales **(ver gráfico 15 y**

17 B) sugieren la existencia de un generador común para la armónica a la que se presenta el PPC de esta región, y la existencia de una red de conexiones corticales compuesta por los sistemas cortos y largos de fibras de asociación (tracto occípito-frontal y tracto cingular) que conforman la sustancia blanca subcortical, que actuaría homogeneizando la actividad intrahemisférica en dichas áreas (Nieuwenhuys R. and Ten Donkelaar H. J. 1998).

La llamativa similitud de la actividad registrada entre los electrodos occipitales y parietales (coherencia $\bar{x}$ 0.80) en ambos hemisferios, que se ve reflejada también en el análisis de coherencia para el promedio de las bandas electroencefalográficas ($\bar{x}$ 0.84 para la banda alpha y $\bar{x}$ 0.84 para la banda theta), podría deberse a la cercanía de las áreas registradas y al elevado número de conexiones intracorticales (fibras de asociación cortas) que existen entre las áreas sensoriales primarias y las áreas corticales de asociación (Nieuwenhuys R. and Ten Donkelaar H. J. 1998; Westbroock, G.L., 2000).

Los hallazgos obtenidos en el estudio de coherencia para el promedio de bandas electroencefalográficas en los canales dorsales (alpha [$\bar{x}$ 0.68] y theta [$\bar{x}$ 0.69]), sustentarían la hipótesis de la coexistencia de dos ritmos electroencefalográficos en los territorios neocorticales, ya que los valores hallados para ambas bandas estudiadas son muy similares es todos los casos. Si esto fuera así es probable que el PPC obtenido ($\bar{x}$ 7.58 Hz) sea el resultado de la promediación de valores frecuenciales mayores y menores (recordar que el promedio matemático es un valor se ve muy influido por la presencia de valores extremos); por lo que podríamos estar en presencia de mecanismos funcionales propios para la actividad intrahemisférica.

La elevada sincronía hallada (< 1 ms) podría deberse a la cercanía de las áreas registradas y al elevado número de conexiones intracorticales (fibras de asociación cortas) que existen entre las áreas sensoriales primarias y las áreas corticales de asociación (Nieuwenhuys R. and Ten Donkelaar H. J. 1998; Westbroock, G.L., 2000); o que la señal centroencefálica modula la actividad neocortical de modo que permite una elevada sincronización de la señal analizada.

7.2.2. *Análisis de la coherencia cerebral intrahemisférica en perros epilépticos idiopáticos*

Los perros epilépticos idiopáticos presentan un valor de PPC diferente que los animales sanos ($\bar{x}$ 5,22 Hz y $\bar{x}$ 7.02 Hz respectivamente), lo que sitúa al PPC dentro de los valores del espectro de la banda θ. **Estos hallazgos podrían indicar la misma situación que se ha mencionado en el estudio de coherencia interhemisférico: 1) que la actividad del foco epiléptico modificaría la actividad de base de todo el cerebro en forma permanente, llevándolo a valores de frecuencia menores; y 2) que en la epilepsia idiopática, al igual que en otros trastornos cerebrales como el dolor neurogénico o el Parkinson, determinadas poblaciones neuronales podrían cambiar su patrón de actividad eléctrica, generando ritmos de frecuencia inferior a la que normalmente lo hacen, que difunden hacia todo el cerebro en forma intra e interhemisférica.**

Hemos encontrado que esta nueva frecuencia a la que ocurre el PPC se disemina hacia las diferentes áreas corticales siguiendo un patrón similar a la que lo hace en los perros sanos. La única diferencia es que para los canales O-P y O-F existe un estado de hipercoherencia, mientras que para la frecuencia del PPC de los canales halo se presenta un estado de hipocoherencia.

No encontramos diferencias entre los perros epilépticos idiopáticos y los sanos en la que se refiere al espectro de fase. En todos ellos se conserva la tendencia a aumentar el tiempo de desfasaje de la señal a medida que el electrodo del par se aleja del electrodo occipital (ver resultados **tabla XLVIII)**.

Hemos hallado que en los perros epilépticos el valor de la frecuencia del PPC obtenido en las combinaciones de canales dorsales ($\bar{x}$ 5,81 Hz) es mayor al obtenido para los canales halo ($\bar{x}$ 4,35 Hz). **Aunque ambos valores se encuentran dentro del espectro de la banda theta, estos hallazgos podrían indicar que la corteza neopalial posee un generador de actividad cerebral o recibe actividad moduladora diferente al de la corteza arquipalial en los pacientes epilépticos idiopáticos. Por otro lado, es probable que exista alguna alteración de la señal originada en la corteza hipocampal o exista un nuevo generador neuronal, ya que el valor obtenido en los perros epilépticos idiopáticos para los canales halo es menor al obtenido que para los perros sanos ($\bar{x}$ 4,35 Hz y $\bar{x}$ 6,63 Hz respectivamente)**

Los valores de coherencia cerebral obtenidos para el PPC en los electrodos D se encuentran en todos los casos por encima de 0.60. Sin embargo llaman la atención la hipercoherencia entre los canales O-P y O-F ($\bar{x}$ 0.94 y $\bar{x}$ 0.80 respectivamente). Resultados similares se aprecian al observar el comportamiento obtenido para el promedio de coherencia de la banda de frecuencia θ. Aunque los valores son relativamente menores (O-P: $\bar{x}$ 0.91; O-F: $\bar{x}$ 0.71; O-Fp: $\bar{x}$ 0.60) siempre se mantiene por encima de 0.6. Debemos destacar que no se han hallado diferencias con el comportamiento de la coherencia entre ambos grupos de animales. Sin embargo, no debe perderse de vista que las frecuencias analizadas son diferentes en ambos grupos.

Respecto al comportamiento de los canales halo, llama la atención el valor de coherencia obtenido al analizar el promedio por bandas de frecuencia en los canales Fp-T. La banda theta presenta valores de coherencia por debajo de 0.5 ($\bar{x}$ 0.41 ± 0.016). Para estos canales el valor de coherencia obtenido de la forma tradicional también presenta valores bajos, localizándose justo en el límite inferior que se utiliza como corte para establecer la presencia de anomalía o desigualdad moderada y marcada de la señal ($\bar{x}$ 0.50).

Al evaluar los canales T-O, observamos que, en ambos grupos, los valores de coherencia permanecen por arriba de 0.60 *(indicando diferencia moderada).*

Se ha sugerido que los atributos funcionales de la corteza prefrontal [CPF] dependen de la interacción modular de diversas redes con propiedades específicas. La plasticidad neuronal anormal en estas redes puede causar una alteración de su actividad. (Moghaddam, B. and Homayoun, H. 2008). La disrupción de la dinámica normal de las redes neuronales que vinculan la CPF a otras áreas cerebrales puede contribuir a la aparición de desordenes neurológicos. De hecho, algunos investigadores han hallado que el hipocampo es capaz de modular selectivamente la actividad de la CPF mediante la actividad oscilatoria theta. (Hyman, J. M. y col. 2005; Sarnthein, J. y col. 2005).

Respecto al valor del espectro de fase para los canales Fp-T, ($\bar{x}$ 20.77 ± 2.75 ms), observamos que supera los 15 ms. Estas observaciones podrían indicar que la señal generada en la región temporal sufre una importante modulación que modifica y retarda la llegada de la señal al área frontopolar. Lo canales T-O también presentan un marcado aumento de los valores de espectro de fase ($\bar{x}$ 20.62 ± 3.04 ms) respecto a los perros sanos.

No hemos podido correlacionar estos hallazgos a la existencia de alguna estructura particular que produzca la modulación de la señal. Sin embargo, aunque el tálamo ha sido siempre la estructura más estudiada respecto a la relación centroencefálica de la epilepsia, existen una serie de estudios (sobre todo en animales) en los que se discute la importancia de estructuras del tronco encefálico en el control de la actividad cortical durante las crisis epilépticas. En ellos se destaca la habilidad de la formación reticular del tronco encefálico para alterar en forma marcada y rápida la sincronización de la actividad de la corteza cerebral (Fromm, G.H. 1991; Gloor, P. 1968). A. Norden y H. Blumenfeld (2002) han propuesto una teoría denominada hipótesis de la inhibición de redes o *diasquisis ictal*. De acuerdo a esta teoría, las crisis originadas en la porción límbica de la corteza temporal se propagarían retrógradamente hasta el tálamo, desde allí hacia la sustancia reticular del tronco encefálico, a partir de donde se diseminaría nuevamente hacia territorios corticales, principalmente hacia la corteza frontal y parietal, dando origen a la signología clínica caracterizada por la pérdida de la conciencia (Norden, Andrew D. and Blumenfeld, Hal. 2002). Otros investigadores remarcan la importancia de la sustancia nigra [Sn] (principalmente su porción reticulada) en la facilitación de la propagación de crisis epilépticas. Se han descrito descargas en salvas de las neuronas de dicha región, asociadas temporalmente a la actividad epiléptica registrada en el EEG. En estos modelos, la actividad de descargas en salvas hallada en las neuronas del Sn parece ser consecuencia de un proceso de facilitación que ocurre tras el estímulo que las neuronas reciben desde otras estructuras cerebrales. (Bonhaus, D. W. y col. 1986).

Bajo estas circunstancias es posible que los elevados valores de espectro de fase hallados en los canales halo se deban a la actividad de redes polisinápticas que relacionen la actividad cortical y la actividad del tronco encefálico, de manera que dichas redes neuronales sean las que modulen la actividad observada en los territorios monitoreados por dichos electrodos. A ello se debería el desacople de fase observado en ambos canales (Fp-T y T-O) y la disminución de la coherencia observada en los canales Fp-T.

Como hemos descrito para los perros sanos, se ha establecido que la vía hipocampo-CPF tiene como células blanco interneuronas estrelladas y células piramidales. El desacople de fase para estas últimas es de alrededor de 20 ms, lo que coincide con nuestros hallazgos. Este hecho podría indicar que esta vía se encuentra modulada de manera tal que existe una modificación de la señal originada en el área cortical (que justificaría los valores de coherencia bajos para los canales Fp-T) (Tierney P.L. y col. 2004).

No hemos hallado información acerca del acoplamiento de fase para la región temporo- occipital. Sin embargo, se postula que las áreas visuales se encuentran conectadas a las áreas hipocampales, subiculares y entorrinales; las vías que podrían conectar estas áreas formarían redes polisinápticas que explicarían sus elevados valores (Lopes da Silva, F.H. y col 1990).

Los hallazgos obtenidos por el método tradicional que pondera la obtención de la coherencia en base al PPC nos indica que este método representa una variable que resume de manera satisfactoria los resultados obtenidos a través del cálculo del promedio de la banda de coherencia.

Los resultados obtenidos en los perros epilépticos idiopáticos indican la presencia de una actividad theta generalizada que predomina en la dinámica eléctrica de su corteza cerebral (tanto interhemisférica como intra hemisférica) contra la posible presencia del ritmo alpha en la corteza cerebral para la el estudio intehemisférico y la coexistencia del ritmo alpha/theta que ocurre en la corteza cerebral de los perros sanos para el estudio intrahemisférico. Esta actividad theta se distribuye de manera hipercoherente en las áreas neocorticales, mientras que lo hace de manera hipocoherente desde las áreas arquipaliales hacia el neopalio.

Queda por dilucidar si estos hallazgos son causa o consecuencia del estado epiléptico. Hemos mencionado anteriormente que la oscilación del ritmo θ podría favorecer la diseminación de descargas epileptiformes al trazar vías prefenciales para la actividad patológica, gracias a su capacidad para provocar la formación de *potenciación a largo plazo* en neuronas. Sin embargo, existen trabajos recientes que insinúan la posibilidad que la frecuencia theta pueda actuar como neuroprotector, impidiendo la diseminación de la actividad epiléptica. (Clemens B. y col. 2007 y 2008; Colom, L.V. y col. 2006; Miller, J.W. y col. 1994)

En medicina humana, diferentes trabajos reportan que el 0,1 al 12 % de los adultos y del 2 a 6,5 % de los niños estudiados presentan en el EEG grafoelementos epileptiformes sin sintomatología clínica (Borusiak, P. y col. 2010; Eeg-Olofsson O. y col. 1971; Gregory, R.P. and Oates T.M. RT. 1993; Jabbari, B. y col. 2000; Letourneau, D.J and Merren, M.D. 1973; O'Connor P. 1964). Según algunos autores, del 2 al 3 % de estos individuos presentan posibilidades de desarrollar epilepsia en el futuro (Gregory, R.P. and Oates T.M. RT. 1993). Aunque no hemos hallado referencias al respecto, nuestras observaciones nos permiten afirmar que algunos perros asintomáticos también presentan grafoelementos epileptiformes. Algunos de ellos al igual que sucede en humanos, con el tiempo evidencian signos clínicos. Esta subpoblación de perros podría ser objeto de estudio para determinar cuál es el ritmo dominante de su actividad cerebral y establecer así si la predominancia θ precede a la aparición de signos clínicos o si, a la inversa, los signos clínicos determinan el cambio en el patrón de descargas neuronal.

Los resultados obtenidos en nuestro trabajo y la evidencia bibliográfica indican que la frecuencia theta requiere mayor interpretación fisiológica de lo que se le ha dado hasta ahora. La implicancia de la actividad eléctrica patológica de rango theta, tanto en la epilepsia idiopática como en otras patologías, sugiere que el estudio y entendimiento de los mecanismos neurales subyacentes a su origen, distribución y función pueden tener significancia clínica teórica y práctica.

Conclusiones

8.1. *Estudio de la coherencia cerebral como herramienta para describir la actividad cerebral*

Los resultados confirman la utilidad del estudio de coherencia para analizar algunos parámetros de actividad cerebral. Teniendo en cuenta que las diferentes áreas anatómicas cerebrales presentan sistemas osciladores específicos que corresponden a las diferentes bandas EEGráficas (delta, theta, alpha y beta) esta herramienta de análisis, y particularmente el PPC, permite distinguir y caracterizar la actividad cerebral de los diferentes sistemas osciladores cerebrales.

Asumiendo que tales bandas EEGráficas coexisten y funcionan juntas en el cerebro, el análisis del espectro de frecuencias se presenta como una herramienta que permite discriminar y reconocer los patrones característicos de las interacciones cortico-corticales subyacentes a las diferentes áreas y a los diferentes estados funcionales del cerebro, en individuos normales o patológicos. La importancia de este análisis radica en que es el único método diagnóstico con estas propiedades.

El espectro de coherencia cerebral y el espectro de fase permiten además inferir las conexiones encefálicas, que son difíciles de investigar por técnicas anatómicas o histológicas, tanto para individuos normales como para patológicos.

El estudio de la coherencia cerebral surge de la cuantificación del EEG, y por lo tanto, se presenta como un método no invasivo y de costos relativamente menores que los métodos imagenológicos.

No obstante, es fundamental tener en cuenta que para realizar una interpretación correcta de los datos obtenidos del EEG y del estudio de coherencia (ya sea con propósito diagnóstico o de investigación) son necesarias una serie de precauciones metodológicas referidas a: **a)** El tipo de referencia utilizada, **b)** La elección de las derivaciones del registro que van a utilizarse para la obtención de datos, **c)** Las condiciones en las que se realiza el estudio y el estado de actividad cerebral (ya que los patrones del EEG y de la coherencia pueden variar) y **d)** La eliminación de artificios extracerebrales. En este sentido, es fundamental el entrenamiento en la utilización de esta herramienta para evitar errores de interpretación.

8.2. Análisis de la actividad cerebral en perros adultos sanos

8.2.1. *Coherencia interhemisférica:*

Nuestros resultados aportan elementos anátomo-fisiológico respecto al conocimiento de los ritmos cerebrales en perros sanos, especialmente respecto al rimo alpha y theta.

En base al análisis de coherencia cerebral hemos hallado que los perros sanos presentan un claro comportamiento diferencial de sus regiones corticales. Las áreas registradas por los electrodos T (temporales), que involucran la actividad proveniente de hipocampo, neocorteza temporal y lóbulo piriforme, presentan una actividad eléctrica ubicada dentro de la banda electroencefalográfica theta ($\bar{X}$ 5.25 Hz). Sus valores del espectro de coherencia ($\bar{X}$ 0.59) indican origen focal de esta señal. En este caso, la bibliografía aporta evidencia que indicaría que cada una de las formaciones hipocámpicas sería la responsable del origen de dicho ritmo. A su vez, la señal se encontraría modulada por estructuras subcorticales (marcapasos septales o incluso núcleos del tronco encefálico), como lo sugiere el espectro de fase que dichos canales presentan ($\bar{X}$ 13.450 ± 4.044 ms).

Los canales ubicados sobre la región dorsal, que registran la actividad de la neocorteza, presentan una actividad centrada en $\bar{X}$ 7.62 Hz. Este valor puede deberse a la coexistencia de dos ritmos eléctricos en la neocorteza dorsal, o a la presencia de un ritmo alpha de rango frecuencial más bajo en los caninos que para el establecido en los humanos. En cualquiera de los dos casos la actividad eléctrica se distribuye de manera hipercoherente entre los electrodos D, (valores de coherencia $\bar{X}$ 0.91), lo que podría atribuirse a un sistema de distribución monosináptico basado en la existencia de abundantes conexiones entre las diferentes regiones cerebrales, cuyo sustrato anatómico es la sustancia blanca inter e intrahemisférica. A su vez, esta actividad eléctrica se encuentra modulada por la actividad talámica, que sincronizaría la actividad neuronal cortical, según puede inferirse de los datos obtenidos en el espectro de fase ($\bar{X}$ 1.2771 ± 0.1208 ms).

8.2.2. *Coherencia intrahemisférica:*

Durante los períodos de baja actividad atencional, como ocurre durante la adquisición del EEG, ambos hemisferios presentan actividad eléctrica similar. Los electrodos presentan una clara distinción entre el grupo de canales D y los canales Halo. En los primeros la señal registrada presenta un comportamiento similar al descrito para los canales D interhemisféricos, con una $\bar{X}$ de 7.58 Hz. En este caso la señal se distribuye a través de la sustancia blanca intrahemisférica (centro semioval) a través de vías que, de acuerdo a los valores del espectro de fase, serían monosinápticas ($\bar{X}$ 5,10 ms). Sus valores de hipercoherencia van disminuyendo a medida que aumenta la distancia entre los electrodos del par analizado (O-P > O-F > O-Fp).

Los canales halo presentan una actividad centrada dentro de la banda theta ($\bar{X}$ 6.63 Hz), con valores de coherencia superiores a 0.6 pero con indicios que la señal es distribuida hacia las diferentes áreas corticales mediantes sistemas de baja eficacia en la transmisión (espectro de fase $\bar{X}$ 13,10 ms)

La estandarización de los valores de coherencia cerebral en perros adultos normales es de suma importancia, pues permitirá elaborar una base de datos que puede ser útil para realizar comparaciones acerca de la actividad eléctrica que caracteriza a la diferentes áreas cerebrales, en diferentes estados de actividad cerebral, incluyendo estados patológicos.

8.3. Análisis de la actividad cerebral en perros adultos epilépticos idiopáticos

8.3.1. *Coherencia interhemisférica:*

La presencia de actividad cerebral lenta dominante ($\bar{X}$ 5,33 Hz) se superpone a la actividad eléctrica normal. Su valor se ubica dentro de los límites de la banda electroencefalográfica theta (4- 7 Hz).

La señal hallada tiene la característica de generalizarse a toda la corteza cerebral. Al igual que sucede en los perros sanos, los canales temporales tienen valores de PPC más bajos que los canales dorsales. El espectro de coherencia y de fase interhemisférica indican la presencia de una señal hipercoherente e hipersincrónica en los territorios neocorticales dorsales durante los períodos interictales. Esta actividad de base parece estar vinculada a la actividad talámica y a la influencia que ésta tiene sobre la red tálamo-cortical, aún cuando la corteza pueda ser la generadora. Sobre este hecho es importante destacar que son muy escasos los trabajos que vinculan la actividad talámica a la diseminación de la actividad patológica durante los períodos interictales, y los que existen se han realizado solo en humanos.

En nuestro conocimiento, esta es la primera comunicación que vincula esta asociación en perros.

8.3.2. Coherencia intrahemisférica:

Una actividad lenta ($\bar{X}$ 5,22 Hz) de similares características a la descrita para la coherencia interhemisférica se distribuye homogéneamente en ambos hemisferios cerebrales. Esta actividad se superpone con la actividad theta normal. Hemos hallado evidencia clara de desacople entre las regiones temporales. Es sabido que la formación hipocámpica es uno de los de los territorios corticales más relacionados a la capacidad epileptogénica. El estado de hipocoherencia ($\bar{X}$ 0,507) e hiposincronismo ($\bar{X}$ 20,60 ms) que se observa en estos territorios en los períodos interictales podría reflejar la predisposición a la actividad patológica característica de esta región.

En el sentido diagnóstico, los hallazgos obtenidos a partir de perros epilépticos idiopáticos que no se encuentran bajo tratamiento nos provee información importante respecto a la fisiopatología básica de la epilepsia idiopática. El estudio de coherencia permitiría evaluar en el futuro los cambios eventuales que producen las drogas antiepilépticas en cuanto a la modificación de los ritmos cerebrales, y en consecuencia obtener un resultado objetivo respecto a la eficacia del tratamiento.

8.4. *El estudio de coherencia cerebral por PPC Vs el análisis de coherencia cerebral por bandas electroencefalográficas*

Al analizar de forma global los resultados obtenidos hemos notados que el estudio de coherencia cerebral con sus tres componentes (espectro de potencia cruzada, espectro de coherencia y espectro de fase) resulta más sencillo de realizar y aporta resultados muy similares a los obtenidos al analizar las bandas electroencefalográficas.

En este sentido, la gran cantidad de datos que es necesario analizar hacen del análisis del promedio de las bandas un engorroso estudio que requiere trabajar con programas especiales de análisis estadístico de muchos datos.

El análisis de coherencia clásico resulta de fácil y rápida aplicación. La obtención de PPC y de la coherencia para esa frecuencia han dado muestras de reflejar el comportamiento general de la banda electroencefalográfica. En este sentido, la mayoría de los equipos de EEG cuantificado poseen programas que permiten obtener de manera fiel los datos mencionados, y así cotejarlos rápidamente con la base de datos almacenada previamente.

8.5. *La coherencia cerebral cono una herramienta para ampliar el diagnóstico de la epilepsia idiopática*

El estudio de coherencia cerebral es una herramienta que permite independizarse de la amplitud de las señales evaluadas, debido a que representa la correlación normalizada de la señal electroencefalográfica. Esta propiedad hace que el estudio de coherencia sea un método relativamente seguro al comparar grupos de sujetos, ya que las diferencias en la potencia del EEG no afectan su estimación. Nuestros hallazgos sugieren que la medición del espectro de potencia cruzada y el descriptor de similitud o covarianza del espectro (coherencia) puede mejorar el procedimiento diagnóstico, hallando alteraciones en los pacientes con epilepsia idiopática que presentan EEG normales. De esta forma, el estudio de coherencia cerebral se presenta como una herramienta fácil de obtener, a partir de un estudio EEG de corta duración, no invasivo y que permitiría diferenciar actividad normal y patológica en perros.

Por este motivo podría incorporarse sin dificultad al protocolo diagnóstico de epilepsia idiopática en perros.

Es importante destacar que con el fin de utilizar la coherencia como herramienta de diagnóstico de alteraciones en las redes neuronales, debemos considerar el significado funcional de los diferentes ritmos eléctricos cerebrales en cada una de las redes neuronales y la participación de ellos en eventos patológicos, ya que sus alteraciones pueden causar disfunciones cerebrales específicas. Así las alteraciones en los ritmos cerebrales podrían ser los únicos hallazgos de anomalías en cuadros clínicos que cursen con alteraciones del funcionamiento cerebral. Solo aumentando los estudios en este área podremos usar el conocimiento para encontrar la respuesta a ciertos problemas eléctricos del cerebro.

8.6. Los perros con epilepsia idiopática como modelo de investigación

La epilepsia es un cuadro neurológico relacionado a la actividad sincrónica de un grupo de neuronas con sus propiedades de membranas alteradas. En medicina veterinaria, como en medicina humana, el EEG tiene una capacidad limitada para detectar actividad epileptiforme interictal; en perros presenta un valor que ronda el 33% de detección en el primer estudio. La mayoría de los modelos experimentales incluyen ratones o ratas, que son individuos muy alejados en la escala evolutiva, también se utilizan gatos para estudios de epilepsia, pero presentan una gran dificultad en el manejo, hecho que se contrapone a la docilidad que presentan los perros. Teniendo en cuenta que la epilepsia es un desorden neurológico que aparece tanto en perros como en humanos, con bases neurofisiológicas y síndromes en muchos casos similares u homologables, creemos que el "modelo canino" es una buena herramienta para realizar investigaciones en epilepsia, sobre todo en lo referido a los métodos diagnósticos no invasivos, prueba de fármacos y respuesta a tratamientos.

Referencias Bibliográficas

1. Ahn, H.; Prichep, L.; John, E. R.; Baird, H.; Trepetin, M.; and Kaye, H. 1980. Developmental equations reflect brain dysfunctions. Science 210: pp 1259-1262.
2. Ajmone Marsan, C. and Zivin, L.S. 1970. Factors related to the occurrence of typical paroxysmal abnormalities in the EEG records of epileptic patients. Epilepsia; 11: pp 361-381.
3. Albarellos, G. A. 2006. Farmacología del sistema nerviosos autónomo; en Hallu,R. Farmacología y bases de la terapéutica veterinaria, cap.5, ed BMPress.; ISBN: 987-97692-5-2: pp 65-86
4. Alonso, A. and Llinas R, R. 1989. Subthreshold Na+-dependent theta-like rhythmicity in stellate cells of entorhinal cortex layer II. Nature 342: pp 175-177.
5. Amaral D. G. and Kurz J. 1985. An analysis of the origins of the cholinergic and noncholinergic septal projections to the hippocampal formation of the rat. J. comp. Neurol. 240: pp 37–59.
6. Ammassari-Teule, M., Maho, C., Sara, S.J. 1991. Clonidine reverses spatial learning deficits and reinstates theta frequencies in rats with partial fornix section. Behav. Brain Res. 45: pp 1–8.
7. Andersen, P. and Andersson, S. A. 1968. Physiological Basis of the Alpha Rhythm Appleton-Century-Crofts, New York. 235 pp
8. Anghinah, R. 2005. Análise da coerência do espectro do eletrencefalograma. Rev Neurociencias 13(1): pp 50-53.
9. Arnolds, D.E.; Lopes da Silva, F.H.; Aitink, J.W.; Kamp, A. 1979 a. Hippocampal EEG and behaviour in dog I. Hippocampal EEG correlates of gross motor behaviour. Electroencephalogr. Clin Neurophysiol. 46(5): pp 552-570.
10. Arnolds, D.E.; Lopes da Silva, F.H.; Aitink, J.W.; Kamp, A. 1979 b. Hippocampal EEG and behaviour in dog. II. Hippocampal EEG correlates with elementary motor acts. Electroencephalogr Clin Neurophysiol. 46(5): pp 571-580.
11. Arnolds, D.E.; Lopes da Silva, F.H.; Aitink, J.W.; Kamp, A. 1979 c. Hippocampal EEG and behavior in dog. III. Hippocampal EEG correlates of stimulus-response tasks and of sexual behaviour. Electroencephalogr Clin Neurophysiol. 46(5): pp 581-591.

12. Artemenko, D.P. 1978. Role of the hippocampal neurons in the theta –wave generation. Neurophisiology. 4: pp 531-539.
13. Ayers, E.A., 1999. Assessing and treating open head trauma, coma and stroke using real-time digital eeg neurofeedback; In Introduction to Quantitative EEG and Neurofeedback, Chapter 9. Editors Evans, James R. and Abarbanel Andrew. Editor Academic Press; 1st edition ISBN: 978-0122437908. pp 203-222
14. Azouz, R.; Jensen, M.S. and Yaari, Y. 1996. Ionic basis of spike after-depolarization andburst generation in adult rat hippocampal CA1 pyramidal neurons. J. Physiol.492: pp 211–23.
15. Baisden R. H., Woodruff M. L. and Hoover D. B. 1984. Cholinergic and noncholinergic septo-hippocampal projections: a double label horseradish peroxidase–acetylcholinesterase study in the rabbit. Brain Res. 290: pp 146–151.
16. Barone, R. 1989. Ensayo de Anatomía funcional y comparada del Sistema nervioso central. Universidad Nacional de Río Cuarto.
17. Bartolomei, Fabrice; Wendling, Fabrice; Vignal, Jean-Pierre; Chauvel Patrick; Liégeois-Chauvel, Catherine. 2002. Neural Networks Underlying Epileptic Humming. Epilepsia. Volume 43 Issue 9: pp 1001–1012.
18. Basar, E., Schürmann, M., Basar-Eroglu, C., Karakas, S., 1997. Alpha oscillations in brain functioning: an integrative theory. Int. J. Psychophysiol. 26: pp 5–29.
19. Bazhenov, M., Timofeev, I., Steriade, M., Sejnowski, T.J., 1999. Self-sustained rhythmic activity in the thalamic reticular nucleus ediated by depolarizing GABAA receptor potentials. Nat. Neurosci. 2: pp 168–174.
20. Bazhenov, M.; Timofeev, I.; Steriade, M.; Sejnowski, T.J. 1998. Computational models of thalamocortical augmenting responses. J. Neurosci. 18: pp 6444–6465.
21. Berendt M. and Dam M. 2003. Clinical presentations of naturally occurring canine seizures: similarities to human seizures. Epilepsy Behav; 4: pp 198-201.
22. Berendt M. and Gram L. 1999. Epilepsy and seizure classification in 63 dogs: A reappraisal of veterinary epilepsy terminology. JVIM 13: pp 14-20.

23. Berendt M., Hogenhaven H., Flagstad A., Dam M. 2009. Electroencephalography in dogs with epilepsy: similarities between human and canine findings Acta Neurologica Scandinavica Volume 99 Issue 5: pp 276-283.
24. Bergamasco, L., Accantino, A., Priano, L., Neiger-Aeschbacher, G. Cizinauskas, S., Jaggy, A. 2003. Quantitative electroencephalographic findings in beagles anaesthetized with propofol. Veterinary Journal 166: pp 58-66.
25. Berger, H. 1929. Uber das Elektrenkephalogramm des Menschen. Arch. Psychiat. Nervenkr. 87: pp 527-570.
26. Bernard C.; Cossart, R.; Hirsch, J. C.; Esclapez, M. and Ben-Ari, Y. 2000. What is GABAergic Inhibition? How is it modified in Epilepsy? Epilepsy, 41(Suppl. 6):S90-S95.
27. Bernard, C.; Anderson, A.E.; Becker, A.; Poolos, N.; Beck, H.; Johnston, D. 2004; Acquired dendritic channelopathy in temporal lobe epilepsy. Science, 305(5683): pp 532-535.
28. Bhattacharya, Joydeep Kanjilal, Partha Pratim and Nizamie, S. Haque. 2000. Decomposition of Posterior Alpha Rhythm. En Transactions on Biomedical Engineering. Vol. 47, NO. 6: pp 738-748.
29. Bialowas J. and Frotscher M. 1987. Choline acetyltransferase-immunoreactive neurons and terminals in the rat septal complex: a combined light and electron microscopic study. J. comp. Neurol. 259: pp 298–307.
30. Bielfelt, S. W.; Redman, H. C. and McClellan, R. O. 1971. Sire-and sex-related differences in rates of epileptiform seizures in a purebred beagle dog colony. Am. J. Vet. Res. 32: pp 2039–2048.
31. Blackman, R. B. and Tukey, J. W. 1958. The measurement of power spectra, Dover Publications, New York.
32. Bland, B. M. and Whisha, I. Q. 1976. Generators and topography of hippocampal theta (SRA) in the anaesthetized and freely moving rat. Brain Res. 118: pp 259-280.
33. Bódizs, R.; Kántor, S.; Szabó, G.; Szütilde, A.; Erõss, L. and Halász, P. 2001. Rhythmic hippocampal slow oscillation characterizes REM sleep in humans. Hippocampus Vol 11 (6): pp 747-753.

34. Bonhaus, D. W, Walters, J.R. and McNamara, J.O. 1986. Activation of substantia nigra neurons: role in the propagation of seizures in kindled rats. Journal of Neuroscience, Vol 6: pp 3024-3030.

35. Bonhaus, D. W.; Walters, J. R. and McNamara, J. 0. 1986. Activation of Substantia Nigra Neurons: Role in the Propagation of Seizures in Kindled Rats. The Journal of Neuroscience, 6(10): pp 3024-3030.

36. Borusiak, P., Zilbauer, M. and. Jenke, A. C. W. 2010. Prevalence of epileptiform discharges in healthy children—New data from a prospective study using digital EEG. Epilepsia, 51(7): pp 1185–1188.

37. Brashear H. R., Zaborszky L. and Heimer L. 1986. Distribution of GABAergic and cholinergic neurons in the rat diagonal band. Neuroscience 17: pp 439–451.

38. Brazier, M.A.B. 1961 A History of the Electrical Activity of the Brain. The first half century. Pitman, London.

39. Brenner, R. P.; Reynolds III, C. F.; y Ulrich, R. F. 1988. Diagnostic efficacy of computerized spectral versus visual EEG analysis in elderly normal, demented and depressed subjects. EEG. Clin. Neurophysiol. 69: pp 110-117.

40. Brenner, R. P.; Ulrich, R. F.; Spiker, D. G.; Sclabassi, R. J.; Reynolds III, C. F.; Marin, R. S.; y Boller, F. 1986. Computerized EEG spectral analysis in elderly normal demented and depressed subjects. EEG & Clin. NeurophysioL, 64: pp 482-492.

41. Brumberg, J.C.; Nowak, L.G. and Mc Cormick, D.A. 2000. Ionic mechanisms underlying repetitive high frequency burst firing in supragranular cortical neurons. J. Neurosci.20: pp 4829–4843.

42. Burchfiel, J. L. y Duffy, F. H. 1982. Organophosphate neurotoxicity: Chronic effects of satin on the electroencephalogram of monkey and man. Neurobehav. ToxicoL TeratoL 4: pp 767-778.

43. Busia, K. and Murphy, R. 2005. An historical account of epilepsy: Perceptions and treatment. Journal of Health, Social and Environmental Issues. Vol 6, No 1: pp 35-43.

44. Buzsáki, G. 1996. The hipocampo-neocortical dialogue. Cerebral Cortex;6: pp 81-92.

45. Buzsáki, G. 2002 Theta Oscillations in the Hippocampus. Neuron. Volume 33, Issue 3, 31 January, pp 325-340.

46. Buzsáki, G. 2006. Rhythms of the Brain. Ed. Oxford university press. USA. SBN13: 9780195301069ISBN10: 0195301064

47. Buzsáki, G., Leung L, Vanderwolf CH. 1983 Cellular bases of hippocampal EEG in the behaving rat. Brain Res Rev 6: pp 139-171.

48. Cantor, D. S.; Thatcher, R. W.; Kaye, H.; and Hrybyk, M. 1986 a. Computerized EEG analyses of autistic children. J. Autism DeveL Disorders 16: pp 169-187.

49. Cantor, D. S.; Wolff, A.; Thatcher, R. W.; Gardner, J.; y Kammerer, B. 1986 b. Neurophysiological differences between deaf and hearing children. J. Clin. Exper. Neuropsychol. 8, 2: pp 40-41.

50. Cantor, D.S. 1999. An Over View Of Quantitatlve EEG And Applications To Neurofeedback. In Introduction to Quantitative EEG and Neurofeedback. Chapter 1. Ed. J. Evans. San Diego Accademic Press. pp 3-27.

51. Casaglia, D.C. 1995. La adquisición de datos para electroencefalografía computada. En Análisis computado del EEG. Editado por Ferrero, R. G. A.; Ferrero, A. L. FADEC. Laboratorio para el estudio de las funciones cerebrales superiores. Bs. As. pp 54-76

52. Celly, C.S., McDonnel, W.N., Young, S.S., Black, W.D. 1997. The comparative hypoxemic effect of four α2 adrenoceptor agonists (xylazine, romifidine, detomidine and medetomidine) in sheep. J.Vet.Pharmacol. Therap. 20: pp 464-471.

53. Chabot, R.J. and Serfontein, G. 1996. Quantitative electroencephalographic profiles of children with attention deficit disorder. Biol Psychiatry. 15; 40(10): pp 951-963.

54. Chagnac-Amitai Y. and Connors B.W. 1989. Synchronized excitation and inhibition driven by intrinsically bursting neurons in neocortex. J Neurophysiol. 62(5): pp 1149–1162.

55. Chagnac-Amitai Y; Luhmann HJ and Prince DA 1990. Burst generating and regular spiking layer 5 pyramidal neurons of rat neocortex have different morphological features. J Comp Neurol. 22; 296(4): pp 598-613.

56. Chandler, K; 2006. Canine epilepsy: What can we learn from human seizure disorders? Vet J Thee Veterinary Journal Volume 172, Issue 2: pp 207-217.

57. Clarke, A.; Barry R.; McCarthy, R.; Selikowitz, M.; Johnstone, S.; Hsu, C.; Magee, C.; Lawrence, C.; Croft, R. 2007. Coherence in children with attention-deficit/hyperactivity disorder and excess beta activity in their eeg. Clinical Neurophysiology 118 (7): pp 1472-1479.

58. Clemens, B. 2004. Pathological theta oscillations in idiopathic generalised epilepsy. Clinical Neurophysiology, Volume 115, Issue 6: pp 1436-1441.

59. Clemens, B. and Barta Z. Szigeti. 2000. EEG frequency profiles of idiopathic generalised epilepsy syndromes. Epilepsy Res. 42: pp 105–115.

60. Clemens, B.; Bessenyei, M.; Fekete, I.; Puskás, S.; Kondákor, I.; Tóth, M.; Hollódy, K. 2010. Theta EEG source localization using LORETA in partial epilepsy patients. Clinical Neurophysiology 121: pp 848–858.

61. Clemens, B.; Bessenyei, M.; Tóth, M.; Kondákor, I. 2007 a. Valproate selectively reduces EEG activity in anterior parts of the cortex in patients with idiopathic generalized epilepsy. A low resolution electromagnetic tomography (LORETA) study. Epilepsy Res. 75: pp 186–91.

62. Clemens, B.; Bessenyei, M.; Piros, P.; Toth, M.; Seress, L.; Kondakor, I. 2007 b. Characteristic distribution of interictal brain electrical activity in idiopathic generalized epilepsy Epilepsia, vol. 48 (5): pp 941-949.

63. Clemens, B.; Piros, P.; Bessenyei, M.; Tóth, M.; Hollódy, K.; Kondákor, I. 2008 Imaging the cortical effect of lamotrigine in patients with idiopathic generalized epilepsy: a low resolution electromagnetic tomography (LORETA) study. Epilepsy Res; 81: pp 204–210.

64. Coburn, K.; Lauterbach E. C.; Boutros N.; Black K. J.; Arciniegas D.B.; Coffey C.E. 2006. The value of quantitative electroencephalography in clinical psychiatry: A report by the committee on research of the american neuropsychiatric association, J Neuropsychiatry Clin Neurosci. 18: pp 460-500.

65. Colom L. V.; García-Hernández, A.; Castañeda, M. T.; Perez-Cordova, M. G.; Garrido-Sanabria, E. R. 2006. Septo-hippocampal networks in chronically epileptic rats: potential antiepileptic effects of theta rhythm generation. J Neurophysiol. 95: pp 3645–3653.

66. Comité internacional de nomenclatura anatómica veterinaria. 1968. En la nomina anatómica veterinaria. Traducida por el departamento de anatomía y embriología de la Facultad de Madrid. Ed. AEDOS. Barcelona. España. 1975. ISBN. 84-7003-155-4.

67. Commission on Classification and Terminology of the International League against Epilepsy. 1981. Proposal for revised clinical and electroencephalographic classification of epileptic seizures. Epilepsia, 22: pp 489–501.

68. Commission on Classification and Terminology of the International League against Epilepsy. 1989. Proposal for revised classification of epilepsies and epileptic syndromes. Epilepsia, 30: 4: pp 389–399.

69. Contreras D. and Steriade M. 1995 Cellular basis of EEG slow rhythms: a study of dynamic corticothalamic relationships. J Neurosci 15: pp 604–622.

70. Cooley J W and Tukey J W., 1965. An algorithm for the machine calculation of complex Fourier series. Math. Comput. 19: pp 297-301.

71. Croft, Phyllis G. 1970 a. Electroencephalografhy in canine head injury. J. Small Anim. Pract. 11: pp 473-484.

72. Croft, Phyllis G. 1970 b. Electroencephalografhy in canine encephalitis. J. Small Anim. Pract. 11: pp 241-249.

73. Croft, Phyllis G. 1971. Electroencephalografhy in cerebrovascular disease in small animals. J. Small Anim. Pract. 11: pp 289-296.

74. Cunningham, J.G. and Farnbach G.C. 1988. Inheritance and idiophatic canine epilepsy. J. Am. Anim. Hosp. Assoc. 24: pp 421-423.

75. Daras, M.D.; Bladin, P.F.; Eadie, M.J.; Millett, D. 2008. Chapter 3: Epilepsy: historical perspectives, en Epilepsy: A Comprehensive Textbook. Ed Engel, Jerome; Pedley, Timothy A.; Aicardi, Jean. Editorial Lippincott Williams & Wilkins, pp 13-18

76. Davis, Sumner P.; Abrams, Mark C.; Brault, James W. 2001. En Fourier transform spectrometry. Ed Academic Press. San diego, California. ISBN 0-12-042510-6. 262 páginas

77. Delamonica, E.A. 1987. En Electroencefalografía. Ed. Ateneo 2ª Edición. Buenos Aires. Argentina.

78. Demaree H.A.; Crews D.W.; Harrison D.W. 1995 Topographica Brain Mapping in Depression Following Mild Closed Head Injury: A Case Study. Archives of Clinical Neuropsychology, Volume 10 (4):pp 320-321

79. Destexhe, A. and Sejnowski, T.J. 2003 Interactions between membrane conductances underlying thalamocortical slow-wave oscillations. Physiol Rev 83: pp 1401–1453.

80. Destexhe, A.; Contreras, D. and Steriade, M. 1999. Cortically-induced coherence of a thalamic-generated oscillation. Neuroscience Vol. 92, No. 2: pp. 427–443.

81. Dichrer, Marc A. and Ayala, G. F. 1987 Cellular Mechanisms of Epilepsy:A Status Report Science vol 237: pp 157-164.

82. Dietsch, G. 1932. Fourier-analyse von Elektrenkephalogrammen des Menschen. *Pflüger's Arch. Ges. Physiol.*, 230: pp 106-112.

83. Doose, H. and Baier, W.K. 1988. Theta rhythms in the EEG: a genetic trait in childhood epilepsy. Brain Dev; 10: pp 347–354

84. Duffy, F. H.; Burchfiel J. L; Bartels P. H.; Gaon, M.; y Sim, V. M. 1979. Long-term effects of an organophosphate upon the human electroencephalogram. Toxicol. Appl. Pharmacol., 47 (1): pp 161-176.

85. Dumermuth, G.; Walz, W.; Scollo-Lavizzari, G. And Kleiner, B.; 1972.Spectral analysis of EEG activity during Sleep Stages in Normal adults. Eurpo. Neurology. 7: pp 265-296.

86. Eadie, M.J. 2007, Cortical Epileptogenesis—Hughlings Jackson and His Predecessors. Epilepsia, 48: pp 2010–2015

87. Eadie, Mervyn J. and Bladin Peter F. 2001. A disease once sacred:a history of the medical understanding of epilepsy. Ed John Libbey Eurotext. England. ISBN:0-86196607-4

88. Eeg-Olofsson O, Petersen I, Sellden U. 1971 The development of the electroencephalogram in normal children from the age of 1 through 15 years: paroxysmal activity. Neuropädiatrie; 4: pp 375-404.

89. Engel, Jerome Jr. 1998. Classifications of the International League Against Epilepsy: Time for Reappraisal. Epliepsia, 39(9): 1014-1017.

90. Engel, Jerome Jr. 2006 a. ILAE classification of epilepsy syndromes.Epilepsy Research 70S: pp S5–S10.

91. Engel, Jerome Jr. 2006 b. Report of the ILAE Classification Core Group. Epilepsia, 47(9): pp1558–1568.

92. Engelborghs, S.; D'hooge, R.; De Deyn P.P. 2000. Pathophysiology of epilepsy. Acta neurol. belg. 100: pp 201-213.

93. Etchepareborda, M. 1995 "El análisis de la coherencia interhemisférica". En "Análisis computado del EEG". Cáp. 6 Editado por Ferrero, R. G. A.; Ferrero, A. L. FADEC. Laboratorio para el estudio de las funciones cerebrales superiores. Bs. As. Argentina. pp 83-91.

94. Etchepareborda, M.; Etchepareborda, J. y González, S. 1992. "El análisis de la coherencia interhemisférica en pacientes con disfasia infantil. Presentación de subtipos". Laboratorio para el estudio de las funciones cerebrales superiores. Bs. As. Argentina.

95. Etchepareborda, M.; Etchepareborda, J.; González, S. 1994. Relación entre el espectro de coherencia de la actividad bioeléctrica cerebral y los hallazgos neurofisiológicos en pacientes con síndrome disatencional e hiperactividad. Rev. Neurol. Barcelona. 22 (115): pp 266-271.

96. Evans J. R. and Abarbanel A. 1999. An Overview of Quantitative EEG and Its Applications to Neurofeedback Chapter 1. In Quantitative EEG and Neurofeedback. Ed Academic Press. San Diego, California. U.S.A. ISBN 0122437990X.

97. Fabrizio María del Carmen y Garsd A. 1996. Dos Factores con Medidas Repetidas en uno de ellos en un Diseño Completamente al Azar. Rev. Facultad de Agronomía 16: pp 243-252.

98. Famula, T.R. and Oberbauer, A.M., 2000. Segregation analysis of epilepsy in the Belgian tervueren dog. Veterinary Record 147; pp 218–221.

99. Fein, G.; Galin, D.; y Johnstone, J. 1983. EEG power spectra in normal and dyslexic children. I. Reliability during passive conditions. EEG Clin. Neurophysiol. 55: pp 399-405.

100. Fell, Juergen; Klaver, Peter; Elfadil, Hakim; Schaller, Carlo; Elger, Christian; Fernández Guillén E. 2003. Rhinal-hippocampal theta coherence during declarative memory formation: interaction with gamma synchronization? The European journal of neuroscience, 17(5): pp 1082-1088.

101. Ferino, F.; Thierry, A. and Glowinski, J. 1987. Anatomical and electrophysiological evidence for a direct projection from Ammon's horn to medial prefrontal cortex. Exp. Brain Res.65: pp 421–426.

102. Ferrero, R. G. A. y Ferrero, A. L. 1995 Análisis computado del EEG. Editado por Ferrero, R.G.A.; Ferrero, A.L. FADEC. Laboratorio para el estudio de las funciones cerebrales superiores. Bs. As., Argentina.

103. Fisch, B. J. y Pedley, T. A. 1989. The role of quantitative topographic mapping or 'neurometrics' in the diagnosis of psychiatric and neurological disorders: The cons. EEG Clin. Neurophysiol. 73: pp 5-9.

104. Fischer, Yacov. 2003 The hippocampal intrinsic network oscillator. J. Physiology 554: pp 156-174.

105. Fisher, Robert S.; van Emde Boas, Walter; Blume, Warren; Elger, Christian; Genton, Pierre. Lee, Phillip and Engel, Jerome Jr. 2005. Epileptic seizures and epilepsy: definitions proposed by the International League Against Epilepsy (ILAE) and the International Bureau for Epilepsy (IBE). Epilepsia, 46(4): pp 470–472.

106. Flor-Henry, P.; Koles, Z. J. y Sussman, P. S. 1983. Multivariate EEG analysis of the endogenous psychoses. Adv. Biol. Psychiat. 13: pp 196-210.

107. Flor-Henry, P.; y Koles, Z. 1984. Statistical quantitative EEG studies of depression, mania, schizophrenia and normals. Biol. Psychol. 19 (3-4): pp 257-279.

108. Freund T. F. 1989. GABAergic septohippocampal neurons contain parvalbumin. Brain Res. 478: pp 375–381.

109. Fromm, Gerhard H. 1991. The Role of the Reticular Formation in the Pathogenesis of Seizures. The Japanese Journal of Psychiatry and Neurology, Vol. 45, No. 2: pp 229-234.

110. Garber, H.; Weilburg, J.; Duffy, F. y Manschreck, T. 1989. Clinical use of topographic brain electrical activity mapping in psychiatry. J. Clin. Psychiatry 50(6): pp 205-211.

111. Gasser, T., Bächer, P., & Möcks, J. 1982. Transformations towards the normal distribution of broad band spectral parameters of the EEG. EEG Clin. Neurophysiol. 53: pp 119-124.

112. Gasser, T.; Bächer, P.; y Steinberg, H. 1985. Test-retest reliability of spectral parameters of the EEG. EEG Clin. Neurophysiol. 60(4): pp 312-319.

113. Gasser, T.; Verleger, R.; Bächer, P., y Sroka, L. 1988. Development of the EEG of school-age children and adolescents. I. Analysis of band power. EEG Clin. Neurophysiol. 69(2): pp 91-99.

114. Gasser, T.; Von Lucadou-Mtiller, I.; Verleger, R. y Bächer, P. 1983. Correlating EEG and IQ: A new look at an old problem using computerized EEG parameters. EEG Clin.Neurophysiol. 55(5): pp 493-504.

115. Gastaut H. 1973. In Dictionary of Epilepsy. World Health Organization, Geneva.

116. Gastaut, H. 1977. Epilepsias. Ed. Universitaria de Buenos Aires. 5° edición. Buenos Aires. Argentina. Traducido y adaptado por Marcos Turner, de Epilepsies. Encyclopédie Medico-Chirurgicale 1963.

117. German Epilepsymuseum Kork. 1998. Museum for epilepsy and the history of epilepsy. Room2:History. http://www.epilepsiemuseum.de/alt/hippokratesen.html

118. Giannitrapani, D. y Collins, J. 1988. EEG differentiation between Alzheimer's and non-Alzheimer's dementias. In "The EEG of Mental Activities". Editores D. Giannitrapani & L. Murri, Ed. Karger, New York. 26-41. ISBN: 3-8055-4812-5

119. Gimeno, V.; Sagales, T. y Calzada, M. D. 1990. Brain mapping of the electroencephalogram envelope: normal patterns. Presented at the XIIth International Congress of Electroencephalography and Clinical Neurophysiology, Rio de Janeiro, Brazil, January: pp 14-19

120. Gloor, P. 1968. Generalized Cortico-Reticular Epilepsies, Some Considerations on the Pathophysiology of Generalized Bilaterally Synchronous Spike and Wave Discharge. Epilepsia Volume 9 Issue 3: pp 249-263.

121. Gloor, P. 1985 Neuronal Generators and the Problem of Localization in Electroencephalography: Application of Volume Conductor Theory to Electroencephalography J Clin Neurophysiol.2(4):327-354.

122. Gotman, J. 1986. Computer analysis of EEG in epilepsy. In Clinical Applications of Computer Analysis of EEG and Other Neurophysiological Signals. Handbook of Electroencephalography and Clinical Neurophysiology. Editores: Lopes da

Silva, F. H.; Storm van Leeuwen, W. y Remond, A. Elsevier, Amsterdam: pp 171-204.

123. Gotman, J. 1995. Análisis del EEG asistido por computadora (monitoreo automático de espigas). Análisis computado del EEG. Cáp. 21. Editado por Ferrero, R. G. A.; Ferrero, A. L. FADEC. Laboratorio para el estudio de las funciones cerebrales superiores. Bs. As., Argentina. Sección V. pp 241-257

124. Gotman, J. 2003, Noninvasive method for evaluating the localization and propagation of epileptic activity. Epilepsy 44 supl 12: pp 21-29.

125. Gram, L, y Dam, M. 1995. Epilepsia. Ed. Panamericana, Buenos Aires, Argentina.

126. Grass, A. M., and Gibbs, F. A. 1938. A Fourier transform of the electroencephalogram. J. Neurophysiol. 1: pp 521–526.

127. Gray, C.M., Koenig, P., Engel, A.K. and Singer, W. 1989. Stimulus-Specific Neuronal Oscillations in Cat Visual Cortex Exhibit Inter-Columnar Synchronization Which Reflects Global Stimulus Properties. Nature, 338: pp 334-337.

128. Grebb, J. A.; Weinberger, D. R. y Morihisa, J. M. 1986. Encephalogram and evoked potential studies of schizophrenia. En "Handbook of Schizophrenia. The Neurology of Schizophrenia" Editores: Nasrallah, H. A. y Weinberger, D. R. Elsevier, Amsterdam: pp 121-140.

129. Green, J.D. and Arduini, A. 1954. Hippocampal electrical activity in arousal J. Neurophysiol. 17: pp 533- 557.

130. Greene, S.A. and Thurmon, J.C.; 1988. Xylazine, A review of its pharmacology and use in veterinary medicine. J. Vet. Pharmacol. Therap. 11: pp 295-313.

131. Greenhouse S.W. & Geisser S. 1959. On Methods in the Analysis of Profile Data.. Psychometrika 24(2): pp 95-112.

132. Gregory, R.P. and Oates Tand Merry, R.T. 1993 Electroencephalogram epileptiform abnormalities in candidates for aircrew training. Electroencephalogr Clin Neurophysiol; 86: pp 75–77.

133. Gritti I., Mainville L. and Jones B. E. 1993. Codistribution of GABA- with acetylcholine-synthesizing neurons in the basal forebrain of the rat. J. comp. Neurol. 329: pp 438–457.

134. Hall, S.J. and Wallace, M.E., 1996. Canine epilepsy: a genetic counselling programme for keeshonds. Veterinary Record 138: pp 358–360.

135. Heynold, Y., Faissler, D., Steffen, F., Jaggy, A., 1997. Clinical, epidemiological and treatment results of idiopathic epilepsy in 54 labrador retrievers: a long-term study. J. Small Anim. Pract. 38: pp 7–14.

136. Holliday, T.A. and Williams, C. 1999. Clinical electroencephalography in dogs.Website for Veterinary Neurology and Neurosurgery electronic journal, http://www.neurovet.org

137. Holliday, T.A.; Cunningham, J.G. and Gutnick, M.J. 1970. Comparative clinical and electroencephalographic studies of canine epilepsy. Epilepsia; 11: pp 281-292

138. Holmes, J.E.; and Adey, W.R. 1960. Electrical activity of the entorhinal cortex during conditioned behaviour. Am. J. Physiol. 199: pp 741-744.

139. Holmes, O. and Howard, L. 1971. Mass and unitary activity in and around the primary somatosensory area in cats. J Physiol; 217: pp 45-46.

140. Holsheimer, J.; Stok, C.J.; Lopes da Silva, F.H. 1983 Theta rhythm related hippocampal cell discharges in the urethane anaesthetized rat: evidence for a predominant entorhinal input. Electroencephalogr. Clin. Neurophysiol. 55(4): pp 464-467.

141. Hudspeth, W. y Pribram, K. 1992. Psychophysiological indices of cerebral maturation. Int.J. Psychophysiol. 12(1): pp 19-29.

142. Hughes J. R. y John E. R. 1999. Conventional and Quantitative Electroencephalography in Psychiatry; J Neuropsychiatry Clin Neurosci 11: pp 190-208.

143. Hughes S.W. and Crunelli V. 2007. Just a phase they're going through: the complex interaction of intrinsic high-threshold bursting and gap junctions in the generation of thalamic alpha and theta rhythms. Int J Psychophysiol. 64(1): pp 3-17.

144. Hughes S.W., Lörincz M., Cope D., Blethyn K., Kékesi K., Parri H., Juhász G., Crunelli V. 2004. Synchronized Oscillations at α and θ Frequencies in the Lateral Geniculate Nucleus. Neuron, Volume 42, Issue 2: pp 253-268

145. Huguenard J. R. 1999. Neuronal circuitry of thalamocortical epilepsy and mechanisms of antiabsence drug action. Advances in neurology, vol. 79: pp 991-999.

146. Hyman, J.M.; Zilli, E.A.; Paley, A.M. and Hasselmo, M.E. 2005. Medial prefrontal cortex cells show dynamic modulation with the hippocampal theta rhythm dependent on behavior. Hippocampus 15: pp 739–749.

147. Itamoto, K.; Taura, Y.; Wada, N.; Taga, A.; Takuma, T.; Matsumura, H. and Miyara, T. 2001. Effect of medetomidine on electroencephalography and use of a quantitative electroencephalograph for evaluating sedation levels in dogs. J Vet Med A Physiol Pathol Clin Med; 48: pp 525-535.

148. Jabbari, Bahman; Russo, Michael B. and Russo, Michelle L. 2000 Electroencephalogram of asymptomatic adult subjects Clinical Neurophysiology 111: pp 102-105.

149. Jaggy; A., Faissler; D. Gaillard, C., Srenk; P., Graber; H. 1998. Genetic aspects of idiopathic epilepsy in Labrador retrievers. Journal of Small Animal Practice. Volume 39, Issue 6: pp 275–280.

150. Jarvis, N. and England, G.C.W. 1991. Reversal of Xylazine sedation in Dogs. The Veterinary Record, April. 128: pp 323-325.

151. Jay, T.; Thierry, A.; Wiklund, L.; and Glowinski, J. 1992. Excitatory amino acid pathway from the hippocampus to the prefrontal cortex. Contribution of AMPA receptors in hippocampo-prefrontal cortex transmission. Eur. J. Neurosci. 4: pp 1285–1295.

152. Jenkins, G.M. and Watts, D.G., 1968. Spectral Analysis and its Applications, Holden-Day. San Francisco, pp 525.

153. Jensen, M.S; Azouz, R. and Yaari, Y. 1996. Spike after-depolarization and burst generation in adult rat hippocampal CA1 pyramidal cells. J. Physiol. 492: pp 199–210.

154. Jeserevics, J.; Viitmaa, R.; Cizinauskas, S.; Sainio, K.; Jokinen, T.S.; Snellman, M.; Bellino, C. and Bergamasco L. 2007. Electroencephalography findings in healthy and Finnish Spitz dogs with epilepsy: visual and background quantitative analysis. J Vet Intern Med.; 21 (6): pp 1299-1306.

155. Kahana Michael J., Seelig David y Madsen Joseph R., 2001. Theta returns. Current Opinion in Neurobiology Volume 11, Issue 6, 1: pp 739-744

156. Kai T., Asai Y., Sakuma K., Koeda T., Nakashima K. 2005. Quantitative electroencephalogram analysis in dementia with Lewy bodies and Alzheimer's disease Journal of the Neurological Sciences, 237: pp 89 – 95.

157. Kaminski, M., Blinowska, K. and Szclenberger, W. 1997 Topographic analysis of coherence and propagation of EEG activity during sleep and wakefulness. Electroencephalogr. Clin. Neurophysiol., 102: pp 216–227.

158. Katchalsky, A. K., V. Rowland and R. Blumenthal. 1974. Dynamic patterns of brain cell assemblies. Neurosc. Res. Prog. Bull. 12; 1: pp 1-187.

159. Kathmann, I., Jaggy, A., Busato, A., Bartschi, M., Gaillard, C., 1999. Clinical and genetic investigations of idiopathic epilepsy in the Bernese mountain dog. Journal of Small Animal Practice 40: pp 319–325.

160. King, C., Recce, M., O'Kee,f J. 1998. The rhythmicity of cells of the medial septum/diagonal band of Broca in the awake freely moving rat: relationships with behaviour and hippocampal theta European Journal of Neuroscience Volume 10, Issue 2: pp 464–477

161. Kiss J., Patel A. J. and Freund T. F. 1990a. Distribution of septohippocampal neurons containing parvalbumin or choline acetyltransferase in the rat brain. J. comp. Neurol. 298: pp 362–372.

162. Kiss J., Patel A. J., Baimbridge K. G. and Freund T. F. 1990b. Topographical localization of neurons containing parvalbumin and choline acetyltransferase in the medial septum–diagonal band region of the rat. Neuroscience 36: pp 61–72.

163. Kiss, Tamás; Orbán, Gergo; Lengyel, Máté; Erdi, Péter. 2001. Intrahippocampal gamma and theta rhythm generation in a network model of inhibitory interneurons. Neurocomputing 38-40: pp 713-719.

164. Klemm, W.R, Hall, C.L. 1968. Subjetive and quantitative analices of the electroencephalogram of anesthesized normal dogs: control data for clinical diagnosis. Am J Vet Res, 29: pp 1267-2025.

165. Klemm, W.R. 1989. Electroencephalography in the diagnosis of epilepsy. Probl Vet Med; 1(4): pp 535-557.

166. Klimesch, Wolfgang; Sauseng, Paul and Hanslmayr, Simon. 2007 EEG alpha oscillations: The inhibition–timing hypothesis. Brain Research Reviews 53: pp 63-88

167. Kocsis, Bernat; Bragin, Anatol; Buzsaáki Gyorgy. 1999. Interdependence of Multiple Theta Generators in the Hippocampus: a Partial Coherence Analysis. The Journal of Neuroscience, July 15, 19 (14): pp 6200–6212.

168. Koeda, T, Knyazeva, M, Njiokiktjien, C, Jonkman, EJ, De Sonneville, L, Vildavsky, V. I995. The EEG in acallosal children. Coherence values in the resting state: left hemisphere compensatory mechanism? Electroencephalogr Clin Neurophvsiol.; 95: pp 397-407.

169. Koeda, T.; Takeshima, T.; Matsumoto, M.; Nakashima, K.; Takeshita. K. 1999. Low Interhemispheric and High Intrahemispheric EEG Coherence in Migraine. Headache: The Journal of Head and Face Pain Volume 39, Issue 4: pp 280–286.

170. Koestner, A. 1989. Neuropathology of canine epilepsy. En Epilepsy. Problems in vetrerinary medicine. Ed Indriedi R.J. 1: 4: pp 516-534.

171. Kohler C., Chan-Palay V. and Wu J.-Y. 1984. Septal neurons containing glutamic acid decarboxylase immunoreactivity project to the hippocampal region in the rat brain. Anat. Embryol. 169: pp 41–44.

172. Kostopoulos G.K. 2001. Involvement of the Thalamocortical System in Epileptic Loss of Consciousness. Epilepsia, Volume 42, Supplement 3: pp 13-19(7)

173. Kötter, Rolf .2007. Anatomical Concepts of Brain Connectivity. En Handbook of Brain Connectivity. Ed. Jisra, V.K. and McIntosh, A.R.; Ed Springer. ISSN: 1860-0832. pp. 149–167

174. Kropotov, Juri. 2009. Methods of Analysis of Background EEG. Chapter 8; In Quantitative EEG, Event-related potentials and neurotherapy. ED Elsevier, 1ª ed. ISBN: 978-0-12-374512-5. pp 116-161.

175. Kuijper, T. 1995.La importancia de los electrodos para EEG. En "Análisis computado del EEG". Cáp. 38 Editado por Ferrero, R. G. A.; Ferrero, A. L. FADEC. Laboratorio para el estudio de las funciones cerebrales superiores. Bs. As. Argentina. pp 424-435.

176. Kuks, J.B.M., Vos, J.E., O'Brien, M.J. 1987. Coherence patterns of the infant sleep EEG in absence of the corpus callosum. Electroencephalogr clin neurophysiol 66: pp 8-14.
177. Landfield, P. W.; McGaugh, J. L.; Tusa, R. J. 1972. Theta rhythm: a temporal correlate of memory storage processes in the rat. Science. 7; 175(17): pp 87-89.
178. Landfield, P.W. 1976. Computer-determined EEG patterns associated with memory-facilitating drugs and with ECS. Brain. Res. Bull. 1(1): pp 9-17.
179. Landfield, P.W. 1977. Different effects of postrial driving or blocking of the theta rhythm on avoidance learning in rats. Physiol. and Behav. 18: pp 439-445.
180. Le Moal, M. and Cardo, B. 1975. Rhythmic slow wave activity recorded in the ventral mesencephalic tegmentum in the rat. Electroencephalogr. Clin. Neurophysiol. 38(2): pp 139-47
181. Leclerc, Charles; Segalowitz, Sidney J.; Desjardins, James; Lassonde, Maryse; Lepore Franco.2005. EEG coherence in early-blind humans during sound localization; Neuroscience Letters. 376: pp 154–159.
182. Leite J. Pereira, Neder Luciano, Maisonnave Arisi G., Carlotti Jr Carlos G., Assirati J. Alberto, and Moreira, Jorge E. 2005. Plasticity, Synaptic Strength, and Epilepsy: What Can We Learn from Ultrastructural Data?. Epilepsia, 46(Suppl. 5): pp 134–141.
183. Leocani, L. y Comi, G. 1999. EEG Coherence in Pathological Conditions. J Clin Neurophysiol. Volume 16(6): pp 548-560.
184. Letourneau DJ, Merren MD. 1973. Experience with electroencephalography in student naval aviation personnel: a preliminaryreport. Aerospace Med 44: pp 1302-1304.
185. Lhatoo S. and Sander J.W. 2003. The epilepsies. In: Brandt T et al., eds. Neurological disorders: course and treatment. San Diego,CA, Academic Press. pp 207–234.
186. Licht, B. G.; Licht, M. H.; Harper, K. M.; Lin, S.; Curtin, J. J.; Hyson, L. L.; Willard, K. 2002. Clinical presentations of naturally occurring canine seizures: Similarities to human seizures. Epilepsy and Behavior, 3: pp 460-470.
187. Linke R., Schwegler H. and Boldyreva M. 1994. Cholinergic and GABAergic septohippocampal projection neurons in mice: a retrograde tracing study

combined with double immunocytochemistry for choline acetyltransferase and parvalbumin. Brain Res. 653: pp 73–80.

188. Llinas, R. R.; Ribary, U; Jeanmonod, D.; Kronberg, E y Mitra P.P. 1999. Thalamocortical dysrhythmia: A neurological and neuropsychiatric syndrome characterized by magnetoencephalography. PNAS 96 (26): pp 15222–15227.

189. Lohi H, Young E.J., Fitzmaurice S.N., Rusbridge C., Chan E.M., Vervoort M., Turnbull J., Zhao X.C., Ianzano L., Paterson A.D., Sutter N.B., Ostrander E.A., Andre C., Shelton G.D., Ackerley C.A., Scherer S.W., Minassian B.A. 2005. Expanded repeat in canine epilepsy. Science, 307: pp 81.

190. Lopes da Silva, F. H.; Van Lierop, M. T.; Schrijer, C. F.; Storm van Leeuwen, W. 1973; Organization of the thalamic and cortical alpha rhythms: spectra and coherence. Electroencephalography Clinical Neurophysiology; 35: pp 627-639.

191. Lopes da Silva, F.H. 1993. EEG Analysis: theory and Practice. En "Electroencephalography". Cap 61. Edit by Niedermayer, E.; Lopes da Silva, F. William y Wilkins. Philadelphia. Third edition. pp 1097-1123.

192. Lopes da Silva, F.H. and Kamp, A. 1969. Hippocampal theta frequency shifts and operant behaviour. Electroencephalogr. Clin. Neurophysiol. Feb; 26(2): pp 133-43.

193. Lopes da Silva, F.H. and Van Rotterdam, A. 1993. Biophisical aspects of EEG and magnetoencephalogram generation. En "Electroencephalography". Cap 5. Edit by Niedermayer, E.; Lopes da Silva, F. William y Wilkins. Philadelphia. Third edition. pp 107-126.

194. Lopes da Silva, F.H., Storm van Leeuwen, W. 1977. The cortical source of alpha rhytm. Neurosci. Lett. 6: pp 237-241.

195. Lopes da Silva, F.H.; Vos, J.E.; Mooibroek, J.; Van Rotterdam, A. 1980. Relative contributions of intracortical and thalamo-cortical processes in the generation of alpha rhythms, revealed by partial coherence analysis. Electroencephalogr. Clin. Neurophysiol.; 50(5-6): pp 449-456.

196. Lopes da Silva, F.H.; Witter, M.P; Boeijinga, P. H; Lohman, A. H. 1990. Anatomic organization and Phisiology of the Limbic Cortex. Physiol. Rev., Apr. 17(2): pp 453-511.

197. Lossin, Christoph, Wang, Dao W.; Rhodes, Thomas H. Vanoye, Carlos G. and George, Alfred L. Jr.2002. Molecular Basis of an Inherited Epilepsy. Neuron, Vol. 34: pp 877–884.

198. Marciani, M. G.; Stefani, N.; Stefanini, F.; Sabbadini, C.; Baggio, C.; Palin, E. y Bolcioni, G. 1990. EEG topographic mapping and high resolution mosaic imaging in normal subjects: Different cortical activation patterns. Presented at the XIIth International Congress of Electroencephalography and Clinical Neurophysiology, Rio de Janeiro, Brazil. pp 14-19.

199. Martin, J.H. 1991. Principles of Neural Science. 3rd ed. Cap. 50. En Kandel, E.R.; Schwartz, J.H.; Jessel. T.M. Elsevier Sciene Publishing Co. United States and Canadá. Pp 777-791.

200. Matousek, M. y Bader, G. 1990. EEG brain mapping in focal brain lesions: Normality ratio versus Z score. Presented at the XIIth International Congress of Electroencephalography and Clinical Neurophysiology, Rio de Janeiro, Brazil, January. pp 14-19.

201. Matousek, M. y Petersen, I. 1973. Frequency analysis of the EEG in normal children and adolescents. En "Automation of Clinical Electroencephalography" Editores: Kellaway P. y Petersen, I. Ed. Raven Press, New York. pp 75-102.

202. Mc Cormick, D. A and Contreras D. 2001. On the cellular and network bases of epileptic seizure. Annu. Rev. Physiol. 63: pp 815- 846.

203. McNamara, J.O. 1994. Cellular and molecular basis of epilepsy. The Journal of Neuroscience, 14(6): pp 3413-3425

204. Mesulam M.-M., Mufson E. J., Levey A. I. and Wainer B. H. 1983. Central cholinergic pathways in the rat: an overview based on an alternative nomenclature (Ch1–Ch6). Neuroscience 10: pp 1185–1201.

205. Miller, J.W.; Turner, G.M.; Gray, B.C. 1994. Anticonvulsant effects of the experimental induction of hippocampal theta activity. Epilepsy Res. 18; pp 195–204.

206. Mizuhara Hiroaki, Yamaguchi Yoko, 2007 Human cortical circuits for central executive function emerge by theta phase synchronization NeuroImage Volume 36, Issue 1: pp 232-244

207. Moghaddam, Bita and Homayoun, Houman. 2008. Divergent Plasticity of Prefrontal Cortex Networks. Neuropsychopharmacology. 33(1): pp 42–55.

208. Moore, M.P.; Greene, S.A.; Keegan, R.D.; Gallagher, L.; Gavin, P.R.; Kraft, S.L.; DeHaan, C. and Klappenbach, K. 1991. Quantitative electroencephalography in dogs anesthetized with 2.0% end-tidal concentration of isoflurane anesthesia. Am J Vet Res. 52(4): pp 551-560.

209. Morison, R.S. and Bassett, D.L. 1945. Electrical activity of the thalamus and basal ganglia in decorticate cats. J. Neurophysiol. 8: pp 309–314.

210. Morison, R.S. and Dempsey, E.W. 1942. A Study of Thalamo-cortical Relations. American. Journal of Physiology 135: pp 281-292

211. Moshé, Solomon L. 2000. Brain Plasticity and Epilepsy Epilepia, 41 Suppl. S1-S4 (6).

212. Mountcastle, Vernon B. 1978, An Organizing Principle for Cerebral Function: The Unit Model and the Distributed System", the Mindful Brain. Eds Edelman, Gerald M. and Mountcastle, Vernon B. Cambridge, Ed. MIT Press.

213. Murer, M.G. y Riquelme, L. A. 1995. Generalidades. En Análisis computarizado del EEG. Ed. Ferrero, R.G.A.; Ferrero, A.L. Editorial FADEC. Bs.As. Argentina.

214. Murias, M., Webb, S. J., Greenson, J., and Dawson, G. 2007. Resting state cortical connectivity reflected in EEG coherence in individuals with autism. Biological Psychiatry, 62: pp 270–273.

215. Mutani, R.; Cantello, R.; Gianelli, M. And Ivardi, C. 1993. Animal models of epilepsy. In: Avanzini, G.; Fariello, R.; Heinemann, U. & Mutani R., ed. Epileptogenic and excitotoxic mechanisms. London, John Libbey. pp 5-14.

216. Niedermeyer Ernest 2005 Historical Aspects. Cap 1 En Electroencephalography: basic principles, clinical applications, and related fields. 5ª Ed. Niedermeyer Ernst and Lopes da Silva F. H. Ed Lippincott Williams & Wilkins ISBN: 0-7817-5126-8, pp 1-16.

217. Niedermeyer Ernest. 1993 a. Epileptic seizure disorders. Cap 27. En Electroencephalography. Basic Principles, Clinical Applications, and Related Fields, Ed. E Niedermeyer, F Lopes da Silva. Baltimore: Williams & Wilkins. pp 505-619.

218. Niedermeyer Ernest. 1993 b. The normal EEG of the waking adult. Cap 9. En Electroencephalography. Basic Principles, Clinical Applications, and Related Fields, Ed. E Niedermeyer, F Lopes da Silva. Baltimore: Williams & Wilkins. pp 167-192.

219. Nielsen, T., Montplaisir, J. and Lassonde, M. 1993. Decreased Interhemisferic EEG Coherene during sleep in agenesis of the Corpus Calosum. Eur Neurol 33: pp 173-176.

220. Nieto Barrera M. and Calandre E.P. 1993. Epilepsias y síndromes epilépticos en el niño. Granada: Universidad de Granada pp 19-36.

221. Nieuwenhuys R. and Ten Donkelaar H. J. 1998. Nicholson Ch. The central nervous system of the vertebrates. Ed Springer. Berlin., Vol III, Chapter 22, «Telencephalo». ISBN 3-540-56013-0. pp 1871-2023.

222. Norden, Andrew D. and Blumenfeld, Hal. 2002. The role of subcortical structures in human epilepsy. Epilepsy & Behavior 3: pp 219–231.

223. Nuwer, M. R.; Hovda, D. A.; Schrader, L. M.; Vespa, P. M. 2005. Routine and quantitative EEG in mild traumatic brain injury. Clinical Neurophysiology, Volume 116, (9): pp 2001-2025

224. Nuwer, M.R. 1995 El análisis cuantitativo del EEG en la clínica. En Análisis computarizado del EEG. Ed. Ferrero, R.G.A.; Ferrero, A.L. Editorial FADEC. Bs.As. Argentina.

225. Nuwer, M.R. 1997. Assessment of digital EEG, quantitative EEG, and EEG brain mapping: Report of the American Academy of Neurology and the American Clinical Neurophysiology Society. Neurology vol. 49 no. 1: pp 277-292.

226. Nyakas C., Luiten P. G. M., Spencer D. G. and Traber J. 1987. Detailed projection patterns of septal and diagonal band efferents to the hippocampus in the rat with emphasis on innervation of CA1 and dentate gyrus. Brain Res. Bull. 18: pp 533–545

227. Oberbauer, A. M.; Grossman, D.I.; Irion, D.N.; Schaffer, A.L.; Eggleston, M.L. and T. R. Famula. 2003. The Genetics of Epilepsy in the Belgian Tervuren and Sheepdog. Journal of Heredity 94(1): pp 57–63

228. O'Brien D. 2003. Pathogenesis of Idiopathic Epilepsy. ACVIM Forum Proceedings : pp 404-406.

229. O'Connor P. 1964. Analysis of 500 routine EEG's of R.A.F. aircrew cadets. Electroenceph clin Neurophysiol;17; pp 339-341

230. O'Keefe J. and Recce M.L. 1993. Phase relationship between hippocampal place units and the EEG theta rhythm. Hippocampus 3: pp 317-330.

231. Oken, B. y Kaye, J. 1992. Electrophysiologic function in the healthy, extremely old. Neurology 42 (3), Part 1: pp 519-526.

232. Pan, Wei-Xing and Mc Naughton, Neil. 2004. The supramammillary area: its organization, functions and relationship to the hippocampus. Progress in Neurobiology 74: pp 127–166.

233. Pandya, D.N. and Seltzer, B. 1982. Intrinsic connections and architectonics of posterior parietal cortex in rhesus monkey. J. Comp. Neurol. 204: pp 196-210

234. Papez, J.W., 1937. A proposed mechanism of emotion. Arch.Neurol. Psychiatr. 38: pp 725-734.

235. Patterson, Edward E., Mickelson, James R., Da, Yang, Roberts, Monica C., McVey, Alistair S., O'Brien, Dennis P., Johnson, Gary S. and Armstrong, P. Jane. 2003. Clinical Characteristics and Inheritance of Idiopathic Epilepsy in Vizslas. Journal of veterinary internal medicine. Volume 17: 3: pp 319–325.

236. Pazdera L. y Vysata O. 2006. Coherence fluctuations of background EEG activity don't change throughout the life, Clinical Neurophysiology 117: pp 145-146.

237. Pedley, T.A. and Traub, R.D. 1990. Phisiological Basis of the EEG. In Current Practice in Clinical electroencephalography. Ed Raven Press, New York. Eds Daly D.D. and Pedley, T.A.

238. Pellegrino, F. C. 1999 a. Epilepsia y Síndromes Epilépticos I. Marco conceptual. Mecanismos excitotóxicos y epileptogénicos. Selecciones Veterinarias, 7(4): pp 431-439.

239. Pellegrino, F. C. 1999 b. Epilepsia y Síndromes Epilépticos III. Diagnóstico, Pronóstico y Tratamiento de la Epilepsia y los Síndromes Epilépticos. Selecciones Veterinarias. Vol.7. Nº 6: pp 686-704.

240. Pellegrino, F. C. 2000. Estandarización de los patrones electroencefalográficos de los caninos. Tesis doctoral. U.B.A.

241. Pellegrino, F. C. 2001. El valor del electroencefalograma en el diagnóstico de los sindromes epilepticos. Selecciones Veterinarias. Vol 9, No 3: pp 222-228

242. Pellegrino, F. C. 2003 a. Epilepsia y Síndromes epilépticos. En El Libro de Neurología para la Práctica Clínica, ED. por Pellegrino, F. C.; Suraniti, A.; Garibaldi, L.; parte III, Cap. 17. Editorial Intermédica. Bs. As. Argentina. pp. 255-280.

243. Pellegrino, F. C. 2003 b. Electroencefalografía clínica en pequeños animales. En El Libro de Neurología para la Práctica Clínica, ED. por Pellegrino, F. C.; Suraniti, A.; Garibaldi, L.; parte VIII, Cap. 38. Editorial Intermédica. Bs. As. Argentina. pp. 571-591.

244. Pellegrino, F. C. and Sica, R; 2004. Canine electroencephalographic recording technique: findings in normal and epileptic dogs. Clinical Neurophysiology 115: pp 477- 487

245. Pellegrino, F., Shell, L. 2001. Encefalograma cuantificado en los caninos I: análisis de los cambios en el espectro de potencia por edades. Medicina Veterinaria On line. http/www.pulso.com/medvet/. Pulso ed. Barcelona, España. Volumen 18(5-6):pp 439-460.

246. Pellegrino, F.C. and Etchepareborda, M. 1996. Registro electroencefalográfico en caninos con epilepsia rinencefálica. Selecciones Veterinarias. Vol. 5, Nº 3: pp 230-239.

247. Pellegrino, F.C. and Etchepareborda, M. 1997.Anatomical sites for the placement of electroencephalographic record electrodes in canines. Braz. J. Morphol. Sci. Vol.14, 2: pp 197-204.

248. Pellegrino, F.C. y Vidal Figueredo, R.J. 2003. Rendimiento diagnóstico del electroencefalograma en perros con epilepsia idiopática. Selecciones veterinarias 11 (4): pp 317-320.

249. Perris, C. 1980. Central measures of depression. En Handbook of Biological Psychiatry. Editor Van Praag, H. ED. Marcel Dekker Ltd: ISBN-10: 0824768922. pp 183-225

250. Peters, A.; Proskauer, C.C. and Ribak, C.E. 1982. Chandelier cells in rat visual cortex. J Comp Neurol.; 206(4): pp 397-416.

251. Petsche, H.C. and Stumpf, C. 1960. Topographic and toposcopie study of origin and spread of the regular sychonized arousal pattern in the rabit. Electroencphalog. Clin. Neurophysiol. 12: pp. 589-600.

252. Pillai, Jyoti and Sperling, Michael R. 2006. Interictal EEG and the Diagnosis of Epilepsy. Epilepsia. 47(Suppl. 1): pp 14–22.

253. Pineda, Jaime A. 2005. The functional significance of mu rhythms: Translating "seeing" and "hearing" into "doing". Brain Research Reviews 50: pp 57-68

254. Pitkänen, Asla; Kharatishvili, Irina; Karhunen, Heli; Lukasiuk, Katarzyna; Immonen, Riikka; Nairismägi, Jaak; Gröhn, Olli; Nissinen, Jari. 2007 Epileptogenesis in Experimental Models, Epilepsia, Volume 48, Supplement 2: pp. 13-20

255. Podell, M. 1996. Seizures in dogs. Veterinary Clinics of North America 26: pp 779–809.

256. Podell, M. 1999. Epilepsy and seizure classification: a lesson from Leonardo. Journal of Veterinary Internal Medicine 13: pp 3–4.

257. Pogarell, O; Teipel, S. J.; Juckel, G.; Gootjes, L.; Möller, T.; Bürger, K.; Leinsinger, G.; Möller, H-J.; Hegerl, U.; Hampel, H. 2005. EEG coherence reflects regional corpus callosum area in Alzheimer's disease. J Neurol Neurosurg Psychiatry 76: pp 109-111.

258. Poonam, Nina B. and Hauser, Allen W. 2008. Incidence and prevalence. In Epilepsy: A Comprehensive Textbook. Ed Engel, Jerome; Pedley, Timothy A.; Aicardi, Jean. Editorial Lippincott Williams & Wilkins, Chapter 5 : pp 45-56

259. Portella C. E., Guilherme Silva J, Machado S., Velasques B., Vale Bastos V. H., Ferreira-Vorkapic C., Terra P., Lopes V., Cagy M., Carvalho E., Orsini M., Basile L., Piedade R., Ribeiro P. EEG 2007. Spectral coherenca inter and intrahemisfepheric during catching object fall task. Arq Neuropsiquiatr;65(1): pp 63-67

260. Prechtl, H.F.R. and Vos, J.E.; 1973. Verlaufsmuster der Ferquenzepektren and Kohärenzen bei schalafenden normalen und neurologisch abnormalen Neugeborenen. In Die Quantifizierung des Elektroenzephalogramms. Ed., G.K. Schenk, Konstanz: AEG- Telefunken. pp 167-188.

261. Preobrazhenskaya, L. A. 1991. The intercentral relations of the frontal cortex and limbic structures of the brain in dogs. Zh Vyssh Nerv Deiat Im I P Pavlova Vol. 41: 2: pp 333-347.

262. Preobrazhenskaya, L. A. 2007. Functional regional asymmetry in intrahemisphere coherencein the EEG during conditioning in dogs. Neuroscience and behavioral physiology Volume 37, Number 3: pp 229-236.

263. Prichep L. y John, E. R. 1992. QEEG profiles of psychiatric disorders. Brain Topog. 4(4): pp 249-257.

264. Prichep, L. S. 1983. Electrophysiological subtyping of depressive disorder. Proceedings of the American Psychiatric Association Session on Subtyping of Depressive Disorders. Ed. Educational Symposia, Inc.: pp 22-27.

265. Prichep, L. S. 1987. Neurometric quantitative EEG features of depressive disorders. En Cerebral Dynamics, Laterality and Psychopathology. Developments in Psychiatry; Vol. 2. Editores Takahashi, R.; Flor-Henry, P.; Gruzelier, J. y Niwa, S. Ed. Elsevier, Amsterdam. pp 55-69.

266. Prichep, L. S. 2007. Quantitative EEG and Electromagnetic Brain Imaging in aging and in the evolution of dementia. Ann N Y Acad Sci. 1097: pp 156-67.

267. Prichep, L.S. y Roy John, E., 1990. Neurometric studies of methylphenidate responders and non-responders. En Perspectives on Dyslexia. Editor Pavlidis, G.T. Vol. 1, chapter 7, Wiley, New York: pp 133–139.

268. Prince, D. A. 1993. Chapter 2: Basic mechanisms of focal epileptogenesis. In: Epileptogenic and excitotoxic mechanisms ed. Avanzini, G.; Fariello, R.; Heinemann, U. & Mutani, R. London, England. John Libbey. ISBN: 0-86196386-5; pp 17-26.

269. Ramon y Cajal; S. 1899 Textura del sistema nervioso del hombre y de los vertebrados, 3 vols. Madrid, Ed. Moya.

270. Redding, R.W.; 1978 "Canine Electroencephalography", in Canine Neurology.3º edicion. (ed. Hoerlein, B.F) W. B. Saunders, Philadelphia. pp 150-206

271. Ribak, C.E., Bradburne, M. and Harris, A.B. 1982. A preferential loss of GABAergic, symmetric synapses in epileptic foci: a quantitative ultraestructural analysis of monkey neocortex. J. Neurosci. 2: pp 1725-1735.

272. Riquelme, L. 1995. Bases neurofisiológicas de las señales bioeléctricas cerebrales. En Análisis computado del EEG. Cap 3. Editado por Ferrero, R. G. A.; Ferrero, A. L. FADEC. Laboratorio para el estudio de las funciones cerebrales superiores. Bs. As. Argentina. pp 32-40.

273. Robinson, T.E. 1980. Hippocampal rhythmic slow activity (RSA; theta): a critical analysis of selected studies and discussion of possible species-differences. Brain Res. 203(1): pp 69-101.

274. Roemer, R.; Shagass, C.; Dubin, W.; Jaffe, R. y Siegal, L. 1992. Quantitative EEG inelderly depressives. *Brain Topog.* 4(4): pp 285-290

275. Room, P.; Russchen; F. T.; Groenewegen, H. J. and Lohman, A. H. M. 1985. Efferent connections of the prelimbic (area 32) and the infralimbic (area 25) cortices: An anterograde tracing study in the cat. J.Comp. Neurol. 242: pp 40-55.

276. Rossini, P.M.; Del Percio, C.; Pasqualetti, P.; Cassetta, E.; Binetti, G.; Dal Forno, G.; Ferreri, F.; Frisoni, G.; Chiovenda P.; Miniussi, C.; Parisi, L.; Tombini, M.; Vecchio, F. y Babiloni, C. 2006. Conversion from mild cognitive impairment to alzheimer's disease is predicted by sources and coherence of brain electroencephalography rhythms. *Neuroscience* 143: pp 793–803.

277. Rowan, James A. y Tolunsky, Eugene. 2004. Origen y aspectos teóricos del EEG. En Conceptos Basicos Sobre EEG Con Mini-Atlas. Cap. 1. Ed Elsevier. Madrid, España. ISBN: 84-8174-829-3. pp 1-25

278. Roy John, E. 1977. Functional Neuroscience Vol. 2. En Neurometrics: Clinical Applications of Quantitative Electrophysiology." Lawrence Erlbaum Associates, New Jersey. ISBN 047099272.

279. Roy John, E. and Prichep, L. S. 1995. Los principios del análisis neurométrico en EEG y potenciales evocados. En "Análisis computado del EEG". Cap 8. Editado por Ferrero, R. G. A.; Ferrero, A. L. Editor FADEC. Laboratorio para el estudio de las funciones cerebrales superiores. Bs. As. Argentina. Pp 111-135.

280. Roy John, E. R.; Prichep, L. S.; Friedman, J. y Easton, P. 1988 b. Neurometrics: Computer assisted differential diagnosis of brain dysfunctions. Science 293: pp 162-169.

281. Roy John, E.; Ahn, H.; Prichep, L.; Kaye, H.; Trepetin, M. y Fridman, J. 1981. Neurometric evaluation of EEG in normal, learning disabled and neurologically "at-risk" children. En "Recent Advances in EEG and EMG Data Processing" Editores: Yamaguchi N. y Fujisawa K. Elsevier, Amsterdam: pp 163-177.

282. Roy John, E.; Karmel, B. Z.; Prichep, L. S.; Ahn, H. y John M. 1977. Neurometrics applied to the quantitative electrophysiological measurement of organic brain dysfunction in children. En Psychopathology and Brain Dysfunction Editor Shagass, C. Ed Raven Press, New York: pp 291-337.

283. Roy John, E.; Prichep, L. S.; Ahn, H.; Kaye, H.; Brown, D.; Easton, P. Karmel, B. Z.; Toro, A. Thatcher, R. 1988 a. Neurometric Evaluation of Brain Function in Normal and Learning Disabled Children. University of Michigan Press, Ann Arbor.

284. Roy John, E.; Prichep, L.; Fridman, J.; Ahn, H.; Kaye, H. y Baird, H. 1985. Neurometric evaluation of brain electrical activity in children with learning disabilities. En "Dyslexia: A Neuroscientific Approach to Clinical Evaluation". Editors: Duffy F. y Geschwind, N. Ed. Little Brown, Boston. ISBN-10: 0316194549. pp 157-185.

285. Ruckebush, Y.; Malbert, C.H. and Baha, F. 1987.Quantified electrocortical activity and loss of vigilance in dog and sheep. Revue de Medicine Veterinaire. 138 (4): pp 325-332.

286. Salinsky, Martin; Kanter, Roy and Dasheiff, Richard M. 1987. Effectiveness of Multiple EEGs in Supporting the Diagnosis of Epilepsy: An Operational Curve. Volume 28: 4. pp 331–334

287. Sánchez, A.; y Von Lawzewitsch, I. 1985. Sistema nervioso Lecciones de Embriología Veterinaria. 4 Vol. 3ª Edición. Buenos Aires. Hemisferio Sur.

288. Sander, J. W. 2003. The epidemiology of epilepsy revisited. Curr Opin Neurol 16 (2): pp 165–170

289. Sander, J. W. and Hart, Y. M. 1999. Epilepsy Questions and Answers, Merit Publishing, Hampshire.

290. Sander, J. W. and Shorvon, SD. 1996, Epidemiology of the epilepsies. Journal of neurology, neurosurgery, and psychiatry, 61: pp 433–443.

291. Sarnthein J., Morel A., von Stein A., Jeanmonod D. 2003.Thalamic theta field potentials and EEG: high thalamocortical coherence in patients with neurogenic pain, epilepsy and movement disorders Thalamus & Related Systems. Volume 2, Issue 3: pp 231-238

292. Sarnthein, J.; Morel, A.; von SteinT, A.; Jeanmonod, D. 2005. Thalamocortical theta coherence in neurological patients at rest and during a working memory task International Journal of Psychophysiology 57: pp 87-96
293. Sarnthein, J.; Petsche H., Rappelsberger P.; Shaw G. L.; Von Stein A. 1998. Synchronization between Prefrontal and Posterior Association Cortex during Human Working Memory Proceedings of the National Academy of Sciences of the United States of America, Vol. 95, No. 12: pp 7092-7096
294. Schack B., Vath N., Petsche H., Geissler H.-G., Möller E. 2002. A Phase-coupling of theta-gamma EEG rhythms during short-term memory processing. International Journal of Psychophysiology. 44: pp 143-163
295. Schnitzler, Alfons and Gross, Joachim. 2005. Normal and pathological oscillatory communication in the brain. Nature Reviews Neuroscience 6: pp 285-296.
296. Schreckenberger, Mathias; Lange-Asschenfeld, Christian; Lochmann, Matthias; Mann, Klaus; Siessmeier, Thomas; Buchholz, Hans-Georg; Bartenstein, Peter; and Gründer, Gerhard. 2004. The thalamus as the generator and modulator of EEG alpha rhythm: a combined PET/EEG study with lorazepam challenge in humans. NeuroImage 22: pp 637–644.
297. Schwartzkroin P.A. and Prince D.A. 1978. Cellular and field potential properties of epileptogenic hippocampal slices. Brain Res. 19; 147(1): pp 117-130
298. Schwartz-Porsche, D., 1994. Seizures. In: Braund, K.G. (Ed.), Clinical Syndromes in Veterinary Neurology. St Louis, MO, Mosby: pp 234–251.
299. Secretariat of ILAE/IBE/WHO 2002. Global Campaign against Epilepsy. Epilepsy, a manual for medical and clinical officers in Africa. Geneva, World Health Organization (WHO/MSD/MBD/02.02)
300. Senba, H.; Tokuriki, M.; Sasaki, N.; Takeuchi, A.; Usui, K. 1984. Developmental EEG of the Beagle dogs. Japanese Journal of Veterinary Science. 46 (6): pp 771-781.
301. Senf, G. M. 1988. Neurometric brain mapping in the diagnosis and rehabilitation of cognitive dysfunction. Cognitive Rehabilitation. 6 (6): pp 20-37.
302. Sherman, S.M. 2001a.Tonic and burst firing: dual modes of thalamocortical relay. Trends in Neurosciences Vol.24 No.2: pp 122-126

303. Sherman, S.M., 2001b. A wake-up call from the thalamus. Nat. Neurosci. 4: pp 344–346.

304. Siapas, A.G.; Lubenov, E.V. and Wilson, M.A. 2005. Prefrontal Phase Locking to Hippocampal Theta Oscillations. Neuron. Vol. 46; pp 141–151.

305. Siebert, W. M. 1959. Processing Neuroelectric Data. Communications Biophysics. Group.Tech. Rept. 351. Research Lab. Electronics, Massachusetts Inst. Technol., Cambridge, Massachusetts.

306. Soltesz, Ivan and Crunelli, Vincenzo. 1992. A role for low-frequency, rhythmic synaptic potentials in the synchronization of cat thalamocortical cells. Journal of Physiology 457: pp 257-276

307. Somogyi, P.; Hodgson, A.J.; Smith, A.D. 1979. An approach to tracing neuron network in the cerebral cortex and basal ganglia: combination of Golgi staining retrograde transport of horseradish peroxidae and anterograde degeneration of synaptic bouton in the same material. Neuroscience 4: pp 1805-1852.

308. Speckmann, E.J. y Elger, C.E. 1993. Introduction to neurophysiological basis of the EEG and DC potentiels. Cap 2. En Electroencephalography. Basic Principles, Clinical Applications, and Related Fields, Ed. E Niedermeyer, F Lopes da Silva. Baltimore: Williams & Wilkins. pp 17-29.

309. Srenk, P. and Jaggy, A. 1996. Interictal electroencephalographic findings in a family of golden retrievers with idiopathic epilepsy. Journal of Small Animal Practice 37: pp 317–321.

310. Stafstrom, Carl E.; 2006. Epilepsy: a review of selected clinical syndromes and advances in basic science Journal of Cerebral Blood Flow & Metabolism 26; pp 983–1004

311. Staley, Kevin and Dudek, F. Edward. 2005. Long-term Synaptic Plasticity and Epilepsy: The Good and Bad News. En Epilepsy and Plasticity Epilepsia, 46(Suppl. 5): pp198–207.

312. Steel R.G.D. and Torrie J.H. 1960. Principles and Procedures of Statistics (with special reference to the biological sciences). Mc Graw Hill.

313. Stefan H.; Lopes Da Silva F. H.; Löscher W.; Schmidt D.; Perucca E.; Brodie M. J.; Boon P. A. J. M.; Theodore W. H. ; Moshe S. L.; 2006, Epileptogenesis and

rational therapeutic strategies. Acta neurologica scandinavica. Vol. 113,no3: pp 139-155

314. Steriade, M. 1993. Cellular substrate of Brain rhytms. In "Electroencephalography". Cap 3. Edit by Niedermayer, E.; Lopes da Silva, F. William y Wilkins. Philadelphia. Third edition. pp 27-62.
315. Steriade, M. 1999. Coherent oscillations and short-term plasticity in corticothalamic networks. Trends Neurosci. 22: pp 337–345.
316. Steriade, M. 2000. Corticothalamic resonance, states of vigilance and mentation. Neuroscience 101: pp 243–276.
317. Steriade, M. 2001. Impact of Network Activities on Neuronal Properties in Corticothalamic Systems. The Journal of Neurophysiology Vol. 86 No.1: pp 1-39
318. Steriade, M. 2006. Grouping of Brain Rhythms in Corticothalamic Systems. Neuroscience 137: pp 1087–1106
319. Steriade, M. and Deschenes, M. 1988. Intrathalamic and brain-stem-thalamic networks involved in resting and alert states. In: Bentivoglio M, Spreafico R, eds. Cellular tha-lamic mechanisms. Amsterdam: Elsevier. pp 51-76.
320. Steriade, M., Dossi, R.C., Nunez, A., 1991. Network modulation of slow intrinsic oscillation of cat thalamocortical neurons implicated in sleep delta waves: cortically induced synchronization and brainstem cholinergic suppression. J. Neurosci. 11: pp 3200– 3217.
321. Storm van Leeuwen, W.; Wieneke G.; Spoelstra P.; Versteeg, H. 1978. Lack of bilateral coherence of mu rhythm. Electroencephalogr. Clin. Neurophysiol. 44: pp 140- 146.
322. Suffczynski, Piotr; Kalitzin, Stiliyan; Pfurtscheller, Gert and Lopes da Silva, F.H. 2001. Computational model of thalamo-cortical networks: dynamical control of alpha rhythms in relation to focal attention. International Journal of Psychophysiology 43. 25-40
323. Sutula, T.; Cascino, G.; Cavazos, J.; Parada I. Ramirez, L. 1989. Mossy fiber synaptic reorganization in the epileptic human temporal lobe. Volume 26, Issue 3. pp 321–330.

324. Sutula, T.; Cavazos, J. and Scott, G. 1988. Synaptic reorganization in the hippocampus induced by abnormal functional activity. Science, Vol. 239 no. 4844; pp. 1147-1150

325. Szentfigothai, J. 1978. The Local Neuronal Apparatus of the Cerebral Cortex. In Cerebral Correlates of Consious Experience, Inserm Syrup. no. 6, Eds. P. Buser and A. Rougeul-Buser, Elsevier/North Holland Biomedical Press Amsterdam. pp. 131-138.

326. Takahashi, A. and Inada, S. 1986. Developmental electroencephalogram of the non-REM sep in Beagle dogs. Japanese Journal of Veterinary Science. 48(6): pp 1115-1124.

327. Thatcher R.W., North D. and Biver C. 2005. EEG and intelligence: Relations between EEG coherence, EEG phase delay and power. Clinical Neurophysiology 116: pp 2129–2141.

328. Thatcher, R. W.; Cantor, D. S.; McAlaster, R.; Geisler, G. y Krause, P. 1991. Comprehensive predictions of outcome in closed head-injured patients: The development of prognostic equations. En Windows on the Brain: Neuropsychology's Technological Frontiers. Editores Zapulla, R. A.; LeFever, F. F.; Jaeger, J. yBilder, R. ISBN-10:0897665554. Ann. N. Y. Acad. Sci. 620: pp 82-101.

329. Thatcher, R. W.; Krause, P. J. y Hrybyk, M. 1986. Cortico-cortical associations and EEG coherence: A two-compartmental model. EEG Clin. NeurophysioL, 64: pp 123-143.

330. Thatcher, R. W.; McAlaster, R.; Lester, M.; Horst, R. y Cantor, D. S. 1982. Hemispheric EEG asymmetries related to cognitive functioning in children. En Cognitive Processing in the Right Hemisphere. Editor Percerner, E. Academic Press, New York.

331. Thatcher, R. W.; Walker, R. A.; Gerson, I. y Geisler, F. H. 1989. EEG discriminant analyses of mild head trauma. EEG Clin. NeurophysioL. 73: pp 94-106.

332. Tierney, Patrick L.; Dégenétais, Eric; Thierry, Anne-Marie; Glowinski, Jacques and Gioanni, Yves. 2004. Influence of the hippocampus on Interneurons of the rat prefrontal cortex. European Journal of Neuroscience. Vol. 20: pp. 514–524 (11).

333. Tourai, K.; Senba, H.; Sasaki, N.; Tokuriki, M.; Ohashi, F.; Takeuchi, A.; Usui, K. 1985. Developmental EEG of the Beagle dog under xylazine sedation. Japanese Journal of Veterinary Science. 77 (3): pp 459-463.
334. Traub, R.D. and Wong, R.K. 1982. Cellular mechanism of neuronal synchronization in epilepsy. Science 216: pp 745–47
335. Urrestarazu, E. and Iriarte, J. 2005. Análisis matemáticos en el estudio de señales electroencefalográficas. Rev Neurol 41: pp 423-434
336. Van Hoesen G.W. and Pandya D.N. 1975. Some connections of the entorhinal (area 28) and perirhinal (area 35) cortices of the rhesus monkey, m. Efferent connections. Brain Res 95: pp 39-59.
337. Van Rotterdam, A.; Lopes da Silva, F. H.; Van Den Ende, J.; Viergever, M. A. and Hermansa A. J. 1982. Model of the spatial-temporal characteristics of the alpha rhythm. Bulletin of Mathematical Biology, Vol. 44, No. 2: pp 283-305.
338. Vanrumste, B.; Jones, R.; Bones, P.; Carroll, G. 2004. Slow-wave activity arising from the same area as epileptiform activity in the EEG of paediatric patients with focal epilepsy Clinical Neurophysiology, Volume 116, Issue 1: pp 9-17
339. Vertes R. P. and Kocsis, B. 1997. Brainstem–diencephalo-septohippocampal systems controlling the theta rhythm of the hippocampus. Neuroscience Vol. 81, No. 4: pp 893–926.
340. Vertes Robert P.2005 Hippocampal theta rhythm: a tag for short-term memory. Hippocampus 15(7): pp 923-35.
341. Vertes, Robert P., Hoover, Walter B., Viana Di Prisco, Gonzalo. 2004. Theta Rhythm of the Hippocampus: Subcortical Control and Functional Significance Behavioral and Cognitive Neuroscience Reviews. Volume 3 Number 3; pp 173-200.
342. Vogt, B. A. and Pandya, D. N. 1987. Cingulate cortex of the rhesus monkey II. Cortical afferents. J. Comp. Neurol. 262; pp 271-289.
343. Voogd, J.; Nieuwenhuys, R.; van Dogen, P.A.M.; And ten Donkelaar, H.J. M. 1998. Mammals, Chapter 22. In The central Nervous System of the Vertebrates. Vol 3·Ed Nieuwenhuys, ten Donkelaar, H.J. And Nicholson, C. Editorial Springer-Verlag. Berlin, Alemania. ISBN 3-540-56013-0: pp 1637-2097.

344. Vos, J. E.; Mooibroek J. and van Rotterdam, A. 1980. "Partial Coherence Analysis of Thalamic and Cortical Alpha Rhythms in Dog--a Contribution Towards a General Model of the Cortical Organization of Rhythmic Activity". In Rhythmic EEG Activities and Cortical Functioning, Eds G. Pfurtscheller, P. Buser, F. H. Lopes da Silva and H. Petsche, Amsterdam: Elsevier/North Holland Biomedical Press. pp. 33-59.
345. Vyazovskiy, V.; Achermann, P.; Borbély A.A. and Tobler I. 2004. Interhemispheric coherence of the sleep electroencephalogram in mice with congenital callosal dysgenesis. Neuroscience 124: pp 481–488.
346. Wada, J.A. 1991. Transhemispheric Horizontal Channels for Transmission of epileptic Information. The Japanese Journal of Psychiatry and Neurology, 45 (2): pp 235- 242.
347. Walter, D.O., Adey, W.R. 1965 a Analysis of brain wave generation as multiple statistical time series. IEEE Trans. Biomed. Eng. 12: pp 8-13.
348. Walter, D.O., Adey, W.R. 1965 b Spectral analysis of electroencephalograms recorded during learning in the cat. Exp. Neurol. 1965 8: pp 155-181.
349. Wang, Xiao-Jing. 2002 Pacemaker Neurons for the Theta Rhythm and Their Synchronization in the Septohippocampal Reciprocal Loop. J Neurophysiol 78: pp 889-900
350. Westbroock, G.L., 2000. Seizures and Epilepsy cap. 46. En Principles of Neural Science, 4th Edition. Editores: Kandel, Eric R; Schwartz James H; Jessell Thomas M. Ed. McGraw-Hill, New York, United States of America. ISBN 0-8385-7701-6. pp 911- 936
351. Winer B.J., Brown D.R and Michels K.M. 1991. Statistical Principles in Experimental Design (3° Ed.). Mc Graw-Hill. Pág.520
352. Winson, J. 1974. Patterns of hippocamp al tetha rhythm in the freely moving rat. Electroencephalogr Clinic. Neurophysiol. 36: pp 291- 301.
353. World Health Organization. 2001. Media Center. Epilepsy: Historical overview https://apps.who.int/inf-fs/en/fact168.html
354. World Health Organization. 2005. Atlas: Epilepsy Care in the World. Geneva. ISBN 92-4-156303-6.

355. Wrzosek, M.; Nicpon, J.; Bergamasco, L.; Sammartano, F.; Cizinauskas, S.; and Jaggy, A. 2009. Visual and quantitative electroencephalographic analysis f healthy young and adult cats under medetomidine sedation. Veterinary journal 180(2): pp 221-30

356. Yamaguchi Yoko, Yoshito Aota, Naoyuki Sato, Hiroaki Wagatsuma y Zhihua Wu. 2004. Synchronization of neural oscillations as a possible mechanism underlying episodic memory- A study of theta rhythm in the hippocampus, Journal of Integrative Neuroscience, Vol. 3, No. 2: pp 143–157.

357. Yamaguchy, Y.; Yoshii, N.; Miyamoto, K.; Itoigawa, N. 1967. A study on the invasive θ-waves to the cortex. Eds. Adey, W. R. And Tokizane, T. En Structure and function of the Limbic System. Progress in Brain Research. Vol 27, Elsevier, Amsterdam, pp 357-375.

358. Yuste, Rafael; Maclean, Jason N.; Smith, Jeffrey; Lansner, Anders. 2005. The cortex as a central pattern generator. Nature reviews. Neuroscience, vol.6, 6: pp 477-483.

359. Zhang Li I. and Poo Mu-ming; 2001, Electrical activity and development of neural circuits. Nature Neuroscience 4, pp 1207-1214.

FSC
www.fsc.org
MIX
Papier | Fördert gute Waldnutzung
FSC® C083411

Kolibri 360 GmbH
Ferdinand-Jühlke-Straße 7
99095 Erfurt, Deutschland
produktsicherheit@kolibri360.de

Druck:
CPI Druckdienstleistungen GmbH
im Auftrag der
Kolibri 360 GmbH
Ferdinand-Jühlke-Str. 7
99095 Erfurt